高等职业教育校企合作新形态教材

化工仪表及自动化

刘亚娟　张慧娟　主编

化学工业出版社

·北京·

内容简介

《化工仪表及自动化》共计十三章，涵盖化工生产四大基本物理量（压力、流量、物位、温度）的常用检测仪表，显示仪表，自动化基础、控制器、执行器、各类控制系统，以及仪表的日常维护与故障处理等内容。各章配有知识巩固习题，并根据需要安排技能训练内容。此外，本书还以二维码链接的形式配套了丰富的数字化资源，扫码即可学习。

本书可作为高职高专院校应用化工技术、化学制药技术、制药设备应用技术、香料香精技术与工艺等专业的教材，也可作为其他化工类专业的教材或教学参考书，还可作为化工企业的培训教材及相关工程技术人员的学习参考资料。

图书在版编目（CIP）数据

化工仪表及自动化/刘亚娟，张慧娟主编．—北京：化学工业出版社，2023.9（2024.8重印）
ISBN 978-7-122-43578-1

Ⅰ.①化… Ⅱ.①刘…②张… Ⅲ.①化工仪表-高等职业教育-教材②化工过程-自动控制系统-高等职业教育-教材 Ⅳ.①TQ056

中国国家版本馆 CIP 数据核字（2023）第 098782 号

责任编辑：蔡洪伟　　　　　　　　文字编辑：闫　敏
责任校对：王鹏飞　　　　　　　　装帧设计：关　飞

出版发行：化学工业出版社
　　　　　（北京市东城区青年湖南街13号　邮政编码100011）
印　　装：高教社（天津）印务有限公司
787mm×1092mm　1/16　印张 13½　字数 328 千字
2024 年 8 月北京第 1 版第 2 次印刷

购书咨询：010-64518888
售后服务：010-64518899
网　　址：http://www.cip.com.cn

凡购买本书，如有缺损质量问题，本社销售中心负责调换。

定　　价：39.00元　　　　　　　版权所有　违者必究

编写人员名单

主　　编　刘亚娟　张慧娟

副 主 编　李　震　李小玉　田智慧

编写人员　（排名不分先后）
　　　　　刘亚娟　广东食品药品职业学院
　　　　　张慧娟　阿拉善职业技术学院
　　　　　李　震　广东食品药品职业学院
　　　　　李小玉　中山火炬职业技术学院
　　　　　田智慧　阿拉善职业技术学院
　　　　　代海涛　阿拉善职业技术学院
　　　　　童春媚　广东食品药品职业学院
　　　　　谭倩倩　广东食品药品职业学院
　　　　　罗清清　深圳湃诺瓦医疗科技有限公司

前言

《化工仪表及自动化》教材立足化工、制药企业需求，以化工、制药企业生产操作、仪表维护、安全生产管理等岗位所需的自动化理论知识和操作技能为主要内容，降低理论深度和难度，突出工程应用和实践性教学内容。本教材有以下特色：

（1）思政育人与课程育人相结合。坚持现代职业教育改革方向，将家国情怀、工匠精神、创新精神、环保意识等思政元素融入教材内容，以培养满足岗位需求、社会需求的高素质技术技能型人才为目标。

（2）工学结合，强化技能培养，突出实用性。将中、高级"化工总控工""仪表维修工"等《国家职业资格标准》融入教材内容，以国家职业资格标准为依据，突出职业技能的培养，既满足学历教育的要求，又满足职业资格标准的要求，实现专业理论与专业实践的高度融合。

（3）形式新颖，可读性强。遵循学生的学习和认知规律，语言通俗易懂，设置学习引导、即学即练、实例分析、知识链接、知识巩固等栏目，增加教材的趣味性、互动性、实践性。大部分章节设置有自动化仪表工作动画、视频等数字化资源，学生扫描二维码即可学习，力求体现"简洁、通俗、清晰、实用"的风格，可读性强。

本教材共计十三章，涵盖化工生产四大基本物理量（压力、流量、物位、温度）的常用检测仪表，显示仪表，自动化基础、控制器、执行器、各类控制系统，以及仪表的日常维护与故障处理等内容。各章配有知识巩固习题，并根据需要安排技能训练内容。书中同时配套了丰富的数字化资源。本教材力求循序渐进、简明扼要，使学生易于接受。

本教材由刘亚娟、张慧娟担任主编。具体编写分工如下：刘亚娟编写绪论、第二章、第五章第一、二节及附录；张慧娟编写第一章、第四章；李震编写第六章第一节，第七章第一、二节及第十二章第一、二节；李小玉编写第八章、第十一章；田智慧编写第三章、第九章及第十章；代海涛编写第十三章；童春媚编写第五章第三、四节及第六章第二节；谭倩倩编写第七章第三节及第十二章第三、四节。全书共有七个技能训练，第二章技能训练一由刘亚娟编写；第三、四、五、九、十、十二章技能训练由田智慧编写。第六、十二章数字化资源由李震提供，其他数字化资源由刘亚娟提供。本书中的部分实践内容由罗清清编写。全书由刘亚娟统稿。

本教材在编写过程中得到了各编者单位及相关企业的大力支持，在此对所有给予本教材指导和支持的单位、文献资料作者和专家表示诚挚的感谢。

由于编者水平和经验所限，教材中难免有不足与疏漏之处，恳请广大读者、同行和专家批评指正。

编 者

2023 年 8 月

目录

绪论 / 001

一、自动化的含义 / 001
二、化工生产的特点及化工自动化的意义 / 001
三、本课程的性质与任务 / 002
四、化工仪表及自动化系统的分类 / 002

第一章 检测仪表基本知识及仪表防护 / 005

第一节 检测仪表基本知识 / 005
  一、测量过程与测量误差 / 005
  二、检测仪表的基本组成和分类 / 006
  三、检测仪表的品质指标 / 007
  四、仪表的检定 / 009
第二节 仪表的防护 / 010
  一、防爆问题 / 010
  二、防腐蚀问题 / 011
  三、防尘及防震问题 / 012
知识巩固 / 012

第二章 压力检测仪表 / 014

第一节 压力检测的基本知识 / 014
  一、压力的定义及单位 / 014
  二、压力的表示方法 / 015
  三、压力等级的划分 / 015
第二节 常用压力检测仪表 / 016
  一、弹性式压力表 / 016
  二、电气式压力表 / 018
  三、智能型压力（差压）变送器 / 021
第三节 压力检测仪表的选用、安装及维护 / 021
  一、压力检测仪表的选择 / 022
  二、压力检测仪表的安装使用要求 / 022
  三、压力检测仪表的使用和维护 / 024
技能训练一 弹簧管压力表的校验 / 024
知识巩固 / 026

第三章 流量检测仪表 / 028

第一节 概述 / 028
  一、流量的基本概念 / 028
  二、流量检测仪表的类型 / 029
第二节 差压式流量计 / 030

一、测量原理　/ 030
　　二、标准节流装置　/ 032
　　三、差压式流量计的安装与使用　/ 034
　　四、差压式流量计的投运、维护　/ 035
第三节　转子流量计　/ 036
　　一、转子流量计结构和工作原理　/ 037
　　二、电远传转子流量计　/ 037
　　三、转子流量计的安装与使用　/ 038

第四节　其他流量计　/ 038
　　一、椭圆齿轮流量计　/ 038
　　二、涡街流量计　/ 039
　　三、电磁流量计　/ 040
　　四、质量流量计　/ 041
技能训练二　差压式流量计的认识及
　　　　　　校验　/ 042
知识巩固　/ 044

第四章　物位检测仪表　/ 046

第一节　概述　/ 046
　　一、物位检测的意义　/ 046
　　二、物位检测仪表的主要类型　/ 047
第二节　差压式液位计　/ 048
　　一、工作原理　/ 048
　　二、零点迁移　/ 049
　　三、用法兰式差压变送器测量液位　/ 050
第三节　其他物位计　/ 051
　　一、电容式物位计　/ 051

　　二、核辐射物位计　/ 053
　　三、雷达式液位计　/ 053
　　四、称重式液罐计量仪　/ 055
　　五、光纤式液位计　/ 056
　　六、超声波式物位仪表　/ 058
技能训练三　液位变送器的认识与
　　　　　　校验　/ 059
知识巩固　/ 061

第五章　温度检测仪表　/ 063

第一节　概述　/ 063
　　一、温度测量基础　/ 063
　　二、温度检测仪表的类型　/ 064
第二节　热电偶温度计　/ 064
　　一、热电偶测温原理　/ 064
　　二、工业常用热电偶的种类　/ 066
　　三、热电偶的结构形式　/ 066
　　四、热电偶的冷端温度补偿　/ 067
　　五、热电偶的安装与使用　/ 070
第三节　热电阻温度计　/ 071
　　一、热电阻的测温原理　/ 071

　　二、常用热电阻　/ 071
　　三、常用热电阻的结构　/ 072
第四节　其他温度检测仪表　/ 073
　　一、双金属温度计　/ 073
　　二、红外测温仪　/ 073
　　三、光纤温度传感器　/ 074
　　四、温度变送器　/ 075
技能训练四　温度检测仪表的认知与
　　　　　　使用　/ 076
知识巩固　/ 078

第六章　显示仪表　/ 080

第一节　数字式显示仪表　/ 081

　　一、数字式显示仪表的基本结构　/ 082

二、数字式显示仪表的主要技术指标 / 083
第二节　新型显示仪表 / 084
　　一、无纸记录仪 / 084
　　二、虚拟显示仪表 / 084
知识巩固 / 085

第七章　自动控制系统基础 / 087

第一节　化工自动化基础知识 / 087
　　一、人工控制和自动控制 / 087
　　二、自动控制系统的组成及分类 / 089
第二节　自动控制系统的过渡过程及品质指标 / 091
　　一、系统的静态和动态 / 091
　　二、自动控制系统的过渡过程及基本形式 / 091
　　三、过渡过程的品质指标 / 092
第三节　带控制点的工艺流程图 / 094
　　一、图形符号 / 094
　　二、字母代号 / 095
　　三、仪表位号 / 097
知识巩固 / 097

第八章　控制器 / 099

第一节　基本控制规律 / 099
　　一、双位控制 / 100
　　二、比例控制 / 101
　　三、积分控制 / 103
　　四、微分控制 / 104
第二节　控制器类型 / 105
　　一、DDZ-Ⅲ型模拟控制器 / 105
　　二、数字式控制器 / 107
　　三、KMM可编程调节器 / 109
知识巩固 / 112

第九章　执行器 / 113

第一节　气动执行器 / 113
　　一、气动执行器结构与分类 / 113
　　二、控制阀的流量特性 / 115
第二节　阀门定位器 / 117
　　一、阀门定位器的作用 / 117
　　二、阀门定位器的工作原理 / 118
第三节　执行器的选择与安装 / 119
　　一、执行器的选择 / 119
　　二、执行器的安装和维护 / 120
技能训练五　气动执行器（调节阀）的认识及操作 / 121
知识巩固 / 123

第十章　简单控制系统 / 125

第一节　简单控制系统的设计 / 126
　　一、过程控制系统设计的基本要求、主要内容与设计步骤 / 126
　　二、被控参数的选择 / 127

三、操纵变量的选择 / 127
四、传感器、变送器的选择 / 128
五、执行器及控制器正反作用的选择 / 128
第二节 简单控制系统的投运及参数整定 / 128
　一、简单控制系统的投运 / 128
　二、控制器参数的整定 / 131
技能训练六 水箱液位定值控制实训 / 134
知识巩固 / 136

第十一章 复杂控制系统 / 138

第一节 串级控制系统 / 139
　一、基本原理与结构 / 139
　二、串级控制系统的特点分析 / 141
第二节 其他复杂控制系统 / 141
　一、前馈控制系统 / 141
　二、比值控制系统 / 142
　三、均匀控制系统 / 143
　四、分程控制系统 / 144
　五、选择性控制系统 / 145
知识巩固 / 145

第十二章 计算机控制系统 / 148

第一节 计算机集散控制系统 / 149
　一、现场控制级 / 149
　二、过程控制级 / 150
　三、过程管理级 / 150
　四、经营管理级 / 151
第二节 JX-300XP 集散控制系统 / 152
　一、系统组成 / 152
　二、网络结构 / 152
　三、系统硬件 / 153
　四、系统软件 / 157
　五、系统的特点 / 157
第三节 信号报警和联锁保护系统 / 157
　一、信号报警系统 / 158
　二、联锁保护系统 / 159
第四节 ESD 紧急停车装置系统 / 160
　一、定义 / 160
　二、构成 / 161
　三、ESD 的配置方案 / 161
技能训练七 闪光报警器的工作原理认识和使用实验 / 162
知识巩固 / 163

第十三章 仪表的日常维护与故障处理 / 165

第一节 仪表的日常维护 / 165
　一、巡回检查 / 166
　二、定期润滑 / 167
　三、定期排污 / 167
　四、保温伴热 / 168
　五、仪表开、停车注意事项 / 168
　六、易燃易爆场所仪表操作注意事项 / 170
第二节 仪表常见故障处理 / 171
　一、自动化仪表故障诊断方法 / 171
　二、自动化仪表常见故障诊断 / 172
　三、仪表故障的日常防护措施 / 174
知识巩固 / 175

附录 / 177

附录一　常用压力表型号及规格 / 177
附录二　铂铑$_{10}$-铂热电偶分度表 / 178
附录三　镍铬-铜镍热电偶分度表 / 183
附录四　镍铬-镍硅热电偶分度表 / 184
附录五　铂电阻分度表 / 186
附录六　铜电阻（Cu50）分度表 / 189
附录七　铜电阻（Cu100）分度表 / 190

参考答案 / 191

参考文献 / 205

二维码资源目录

序号	名称	页码
1	单圈弹簧管	17
2	膜盒式压力传感器	17
3	弹簧管压力表	17
4	电接点压力表	18
5	电容式压力变送器	19
6	应变片式压力传感器	20
7	节流现象	30
8	孔板流量计	32
9	转子流量计	36
10	椭圆齿轮流量计	39
11	电磁流量计	40
12	差压式液位计	48
13	负迁移	49
14	正迁移	50
15	电容式液位计	52
16	超声波液位计	58
17	热电偶测温原理	65
18	补偿导线	68
19	热电阻的结构	72
20	双金属温度计	73
21	虚拟示波器演示	85

续表

序号	名称	页码
22	锅炉汽包液位控制	88
23	温度控制系统	96
24	DCS 系统控制流程	96
25	气动执行器	114
26	薄膜执行机构	114
27	气动活塞执行机构	114
28	直通单座阀	114
29	角形阀	115
30	蝶阀	115
31	隔膜阀	115
32	凸轮挠曲阀	115
33	电-气阀门定位器	118
34	液位控制系统	126
35	温度串级控制系统	140
36	双塔均匀控制系统	143
37	氮封分程控制系统	144
38	总控室与现场	149

绪 论

一、自动化的含义

自动化是指机器设备、系统或过程（生产、管理过程）在没有人或较少人的直接参与下，按照人的要求，经过自动检测、信息处理、分析判断、操纵控制，实现预期目标的过程。采用自动化技术不仅可以把人从繁重的体力劳动、部分脑力劳动以及恶劣、危险的工作环境中解放出来，而且能扩展人的器官功能，极大地提高劳动生产率，增强人类认识世界和改造世界的能力。因此，自动化是国家工业、农业、国防和科学技术现代化的重要条件和显著标志。

二、化工生产的特点及化工自动化的意义

1. 化工生产的特点

凡运用化学方法改变物质组成、结构或合成新物质的技术，都属于化学生产技术，所得产品被称为化学品或化工产品。化工生产有以下特点：①生产流程长、工艺复杂。一个产品的生产需要多道工序，甚至十几道工序才能完成。②生产危险性大。生产过程中的原料、半成品、副产品、产品和废弃物大都是易燃、易爆或有毒的危险化学品。③生产要求的工艺条件苛刻。生产过程中既有高温、高压，又有低温、低压。

2. 化工自动化的意义

化工生产自动化是医药、日化、食品、石油等化工类型生产过程自动化的简称，是在化工设备、装置及管道上，配置一些自动化装置，替代操作工人的部分直接劳动，使生产在不同程度上自动地进行。化工生产的特点决定了在生产过程中存在着多种危险因素，整体安全性相对较低，在人工操作的过程中很可能会出现各种失误，有时一个较小的失误就会引发严重的安全问题。通过自动化技术的应用，一方面可以直接代替人工进行监测和操控工作，使生产过程更加连续化和规模化，在节约劳动力的同时，降低人工成本消耗；另一方面能够大幅度提高生产控制的精准性和生产的安全性，在提升生产效率的同时，为化工企业带来更加优异的经济效益。

现代自动化技术综合利用了计算机技术、制造技术、控制技术、电子技术、通信技术和管理科学等学科知识和技术，采用设备集成和信息集成，实现了规划设计、生产制造、管理销售等功能的自动化控制；所涵盖内容从最底层的感应元件、传感器到执行机构、自动化监测系统等，是现代化工业建立与发展的一个重要支柱技术，是关系到国民经济发展和人们生活改善的关键技术之一，也是21世纪工业发展的一项至关重要的关键技术，其地位的重要性不言而喻。

三、本课程的性质与任务

本课程是化工、制药等相关专业的专业必修课，是一门综合性的技术课程，实践性和应用性较强，主要培养学生掌握化工生产过程中相关岗位涉及的自动化技术并具备"爱岗、敬业、求精、安全、节能、环保"的职业素养。

本课程内容分为两大部分，第一部分介绍化工生产过程中的"信息获取"的工具——检测仪表，第二部分介绍化工生产过程中"控制"的方法与实施——化工自动化基础。通过本课程的学习，使学生掌握主要工艺参数（压力、流量、物位、温度）的检测方法及其仪表的工作原理和特点；能根据工艺要求正确地选用、安装和使用常见的检测仪表及控制仪表；能了解化工自动化的初步知识，能理解基本控制规律，懂得控制器参数是如何影响控制质量的；能在开停车过程中，初步掌握自动控制系统的投运及控制器参数的整定；能进行常见仪表的维护、保养和基本维修。

四、化工仪表及自动化系统的分类

1. 化工仪表按用途的分类

（1）检测仪表 获取工艺参数的工具。

（2）转换与传输仪表（变送器） 传递信息的工具。

（3）显示仪表 将检测元件和变送器获取的信息反映给操作人员和管理人员的工具。

（4）控制（调节）仪表（即控制器） 将检测仪表、转换与传输仪表的信息和操作人员输入的信息进行处理并发出指令的工具。

（5）执行器 接受控制仪表的指令或操作人员的指令，对生产过程进行操作或控制的工具。

各类仪表之间的关系如图 0-1 所示。

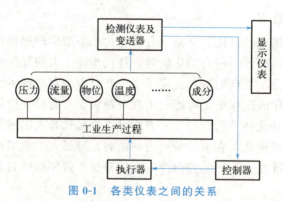

图 0-1　各类仪表之间的关系

2. 化工生产过程自动化系统的分类

（1）自动检测系统 由测量仪表对生产过程中的主要参数进行测量，将测量结果传送到显示仪表或控制室进行指示、记录或打印。它代替了操作人员对工艺变量的不断观察与记录，是生产自动化中最基本也是十分重要的内容。

图 0-2 的热交换器是利用蒸汽来加热冷液体，冷液体经加热后的温度是否达到要求，可用测温元件配上平衡电桥来进行测量、指示和记录；冷液体的流量可以用孔板配上流量计进

行检测；蒸汽压力可以用压力表来指示。这些都属于自动检测系统。

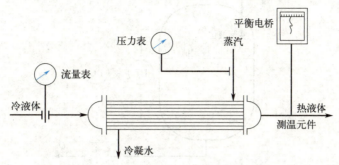

图 0-2　热交换器自动检测系统示意图

(2) 自动信号报警和联锁保护系统　生产过程中，由于一些偶然因素的影响，导致工艺参数超出允许的变化范围而出现不正常情况时，就有可能引起事故。为此，常对某些关键性参数设有自动信号联锁保护装置。当工艺参数超过了允许范围，在事故即将发生之前，信号系统就自动地发出声光信号，告诫操作人员注意，并及时采取措施。如工况已到达危险状态，联锁系统立即自动采取紧急措施，打开安全阀或切断某些通路，必要时紧急停车，以防止事故的发生和扩大。它是生产过程中的一种安全装置。图 0-3 是反应器的压力自动信号报警与联锁保护系统，当反应器内压力达到压力警戒值时会自动报警提醒工作人员，同时自动关闭联锁调节阀切断进料。

(3) 自动操纵及自动开停车系统　自动操纵系统可以按照预先设定的步骤周期性地进行操作。图 0-4 所示为一自动加料系统，工艺要求 A、B 两种物料按照一定比例在容器中混合后排出，利用自动加料系统可代替人自动按照加料、混合、出料等步骤周期性地打开进料阀、搅拌器及出料阀，从而减轻操作工人的重复性体力劳动。

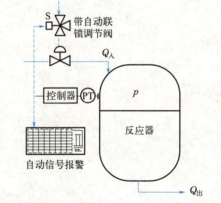

图 0-3　压力自动信号报警与联锁保护系统

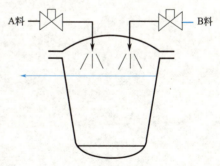

图 0-4　自动加料系统

自动开停车系统可按照预先规定好的步骤，将生产过程自动地投入运行或自动停车。

(4) 自动控制系统　化工生产大多数是连续性生产，设备之间相互关联，当其中某一设备的工艺条件发生变化时，可能引起其他设备中某些参数或多或少地波动，偏离了正常的工艺条件。自动控制系统能对生产中某些关键性参数进行控制，使它们在受到外界干扰（扰动）的影响而偏离正常状态时，能自动地回到规定的数值范围内。图 0-5 是贮罐的液位控制系统。

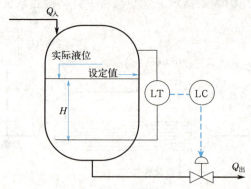

图 0-5 贮罐的液位控制系统

综上所述，自动检测系统的功能是"了解"生产过程进行情况；自动信号报警和联锁保护系统的功能是在工艺条件进入某种极限状态时，采取安全措施；自动操纵及自动开停车系统的功能是使系统按照预先设定好的步骤自动地进行周期性操作；自动控制系统的功能是自动排除各种干扰因素对工艺参数的影响，使它们始终保持在预先设定的数值上，保证生产维持在正常或最佳的工艺状态。

即学即练

如今，在日常生活中几乎处处可见自动化的应用，如空调、洗衣机、冰箱、各类自动门、自动扶梯等，它们都在一定程度上代替或增强了人类身体器官的功能，提高了我们的生活质量。请观察生活中的自动化装置并思考它们属于哪一类自动化系统。

第一章　检测仪表基本知识及仪表防护

学习引导

化工是国民经济的支柱产业，是强大的传统基础产业之一，又是战略产业，也是当代高科技的基础，是我们实现中华民族伟大复兴的中国梦的基础保障。

化工生产要实现优质、高产、安全和低耗，就必须对生产过程中的工艺参数进行自动检测和控制。用来检测这些参数的仪表称为化工检测仪表。

本章将着重讨论有关检测和检测仪表的基本知识，并在此基础上介绍有关仪表防护的知识与方法。

学习目标

（1）知识目标　了解测量误差的含义及分类、仪表防护的问题和安全火花防爆系统；熟悉检测仪表的基本组成与分类、检测仪表的品质指标；掌握各类误差的计算方法。

（2）能力目标　能正确计算常见误差和精度；能正确使用检测仪表。

（3）素质目标　培养在实践中应用理论知识的能力；培养务实的工作态度；培养团结协作的团队意识。

第一节　检测仪表基本知识

一、测量过程与测量误差

1. 测量过程

测量过程是将被测参数与其相应的测量单位进行比较的过程。而检测仪表就是实现这种比较的工具。各种检测仪表不论采用哪一种原理，它们都是要将被测参数经过一次或多次的信号能量的转换，最后获得便于测量的信号能量形式，并由指针位移或数字形式显示出来。例如各种炉温的测量，常常是利用热电偶的热电效应，把被测温度转换成直流毫伏信号（电能），然后变为毫伏检测仪表上的指针位移，并与温度标尺相比较而显示出被测温度的数值。

2. 测量误差

在测量过程中，由于所使用的测量工具本身不够准确、观测者的主观性和周围环境的影响等，使得测量的结果不可能绝对准确。由仪表读得的被测值（测量值）与被测参数的真实值之间，总是存在一定的差距，这种差距就称为测量误差。

(1) 测量误差的分类　按产生原因的不同，可分为三类：系统误差、疏忽误差和随机误差。

① 系统误差（规律误差）：指在相同条件下，对同一被测参数进行多次重复测量时，误差的大小和符号保持不变，或在条件改变时，按一定规律变化的误差。如仪表本身的缺陷温度、湿度、电源电压等单因素环境条件的变化所造成的误差均属于系统误差。

系统误差的特点是测量条件一经确定，误差即为一确切数值。用多次测量取平均值的方法，并不能改变误差的大小。系统误差是有规律的，可针对其产生的根源采取一定的技术措施进行修正，但不能完全消除。

② 疏忽误差（粗大误差）：在一定的测量条件下，由于人为原因造成的、测量值明显偏离实际值所形成的误差称为疏忽误差。

产生疏忽误差的主要原因：因观测者过于疲劳、缺乏经验、操作不当或责任心不强而造成读错刻度、记错数字或计算错误等失误。因此在工作中一定要认真、仔细，就可以克服疏忽误差。

③ 随机误差（偶然误差）：指在相同条件下，对同一被测参数进行多次重复测量时，误差的大小和符号均以不可预计方式变化的误差。如电磁场干扰和测量者感觉器官无规律的微小变化等引起的误差均为随机误差。

随机误差变化无规律性，不宜消除。可以通过对多次测量值取算术平均值的方法削弱随机误差对测量结果的影响。

(2) 测量误差的表示方法　通常有两种表示方法，即绝对表示法和相对表示法。

① 绝对误差是指仪表测量值（指示值）X_i 和被测量的真实值 X_t 之差值，可表示为

$$\Delta = X_i - X_t \tag{1-1}$$

式中　Δ——绝对误差；
　　　X_i——仪表指示值；
　　　X_t——被测量真实值。

工程上，要知道被测量的真实值 X_t 是很困难的。因此，所谓检测仪表的绝对误差，一般是指在其标尺范围内，用被校表（准确度较低）和标准表（准确度较高）同时对同一参数测量所得到的两个读数之差，可用下式表示

$$\Delta = X - X_0 \tag{1-2}$$

式中　Δ——绝对误差；
　　　X——被校表的读数值；
　　　X_0——标准表的读数值。

② 相对误差是指某点的绝对误差与该点的真实值 X_t（或 X_0）之比。可表示为

$$E = \frac{\Delta}{X_t} = \frac{X_i - X_t}{X_t} \text{ 或 } \frac{X - X_0}{X_0} \tag{1-3}$$

式中　E——相对误差。

二、检测仪表的基本组成和分类

在自动化系统中，所用的检测仪表是自动控制系统的"感觉器官"，相当于人的眼睛。只有正确检测生产过程的状态和工艺参数，才能由控制仪表进行自动控制。

1. 检测仪表的基本组成

检测仪表虽功能和用途各异,但其结构通常包括下面三个基本部分,如图1-1所示。

图1-1 检测仪表的组成

检测传感部分一般直接与被测介质相关联,通过它感受被测变量的变化,并变换成便于测量的相应的位移、电量或其他物理量。

转换传送部分(也称信号处理器)是把检测传感部分输出的信号进行放大、转换、滤波、线性化处理,以推动后级显示器工作。

显示部分是将检测结果用指针、记录笔、数字值、文字符号(或图像)的形式显示出来。

2. 检测仪表的分类

化工生产中使用的仪表类型繁多、结构复杂,因而分类方法很多,常见的分类方法如下。

(1) 按检测参数的性质不同,分成温度检测仪表、压力(包括差压、负压)检测仪表、流量检测仪表、物位(液位)检测仪表、物质成分分析仪表及物性检测仪表等。

(2) 按表达示数的方式不同,分成指示型、记录型、讯号型、远传指示型、累积型等。

(3) 按精度等级和使用场合的不同,分为实用仪表、范型仪表和标准仪表,分别使用在现场、实验室和标定室。

三、检测仪表的品质指标

检测仪表的质量优劣,经常用它的品质(性能)指标来衡量。

1. 量程

量程是指仪表能接受的输入信号范围。它用测量的上限值与下限值的差值来表示。例如,测量范围为$-50\sim+1000℃$,下限值为$-50℃$,上限值为$+1000℃$,量程为$1050℃$。

量程的选择是仪表使用中的重要问题之一。一般规定:正常测量值在满刻度的50%~70%。若为方根刻度,正常测量值在满刻度的70%~85%。

有的检测仪表一旦过载(即被测量超出测量范围)就将损坏;而有的检测仪表允许一定程度的过载,但过载部分不作为测量范围,这一点在使用中应加以注意。

2. 精确度

精确度(准确度)简称精度,是仪表制造加工的精密程度和指示的准确程度的合称,仪表的精度不仅与绝对误差有关,而且还与仪表的标尺范围有关。因此衡量一台仪表的测量精度大小,通常不用绝对误差和相对误差,而是用允许误差$\delta_允$来表示。允许误差用下式进行计算

$$\delta_允=\pm\frac{\Delta_{max}}{标尺上限值-标尺下限值}\times100\% \quad (1-4)$$

式中 Δ_{max}——仪表在测量范围内各点上误差的最大值。

仪表的$\delta_允$越大，它的精度越低；反之，仪表的$\delta_允$越小，它的精度越高。将仪表的允许误差去掉"±"号和"%"号，便可以用来确定仪表的精度等级。精度等级是国家规定的允许误差的等级。

知识链接

国家对精度等级制定了统一的标准，常用仪表的精度等级大致有：

精度等级	Ⅰ级精度	Ⅱ级精度	工业测量仪表
精度	0.005、0.02、0.05	0.1、0.2、0.5	1.0、1.5、2.5、4.0
说明	高精度←	→低精度	

关于精度的几点说明。

① 精度数值越小，精度越高。反之，数值越大，精度越低。
② 精度等级常以圆圈或三角内的数字标明在仪表面板或铭牌上。
③ 选表和校验表时，计算出的数值不可能都正好是精度等级中有的数值，这时要归挡，选表时精度归高，校验时精度归低，例如：计算结果为1.8，如果是选表，要选1.5级精度的表；如果是校验表，则此表应定为2.5级精度。

即学即练

某压力表的测量范围为0~10MPa，精度等级为1.0级。试问此压力表允许的最大绝对误差是多少？若用标准压力计来校验该压力表，在校验点为5MPa时，标准压力计上读数为5.08MPa，试问被校压力表在这一点上是否符合1.0级精度，为什么？

3. 变差（回差）

检测仪表的恒定度常用变差表示。外界条件不变，用同一仪表测量时，由小到大的正行程和由大到小的反行程中对同一变量却得出不同的测量值，两数值之差称为该点的变差。

造成仪表变差的原因很多，如传动机构间隙过大，运动部件不够光洁，或配合过紧形成摩擦，弹性元件的弹性滞后等。

变差的表示法是用仪表标尺范围内正反行程测量值的最大差值与仪表标尺范围之比的百分数来表示。

$$变差 = \frac{最大差值}{标尺上限值 - 标尺下限值} \times 100\% \tag{1-5}$$

工业测量仪表变差规定不得超过该仪表本身允许误差，否则应予检修。

4. 灵敏度与灵敏限

仪表的灵敏度是指仪表指针的线位移或角位移，与引起这个位移的被测参数变化量的比值。在数值上就等于单位被测参数变化量所引起的仪表指针移动的距离（或转角）。例如，一台测量范围为0~100℃的测温仪表，其标尺长度为20mm，则其灵敏度为0.2mm/℃，即温度每变化1℃，指针移动了0.2mm。

仪表的灵敏限，是指引起仪表指针发生动作的被测参数的最小变化量。通常仪表灵敏限的数值应不大于仪表允许绝对误差的一半。对同一类仪表，标尺刻度确定后，仪表测量范围越小，灵敏度越高。对数字仪表来说，灵敏限即分辨率，为数字显示仪表最低位占显示数的分数值。

5. 反应时间

表示仪表对被测量变化响应的快慢程度。表示方法为：当仪表的输入信号突然变化一个数值（阶跃变化）后，仪表的输出信号（即示值）由开始变化到新稳态值的63.2%（也有用95%的）所用时间。也可称为仪表的时间常数 T_m。

6. 线性度

线性度反映了检测仪表输出量与输入量的实际关系偏离直线的程度。通常总是希望检测仪表的输出与输入之间呈线性关系。因为在线性情况下，模拟仪表的刻度可以做成均匀刻度，而数字仪表就可以不必采取线性化措施。

线性度又称为非线性误差，通常用实际测得的输入-输出特性曲线（标定曲线）和理论拟合直线之间的最大偏差与检测仪表量程之比的百分数来表示。

$$\Delta f = \frac{\Delta f_{max}}{\text{仪表的量程}} \times 100\% \tag{1-6}$$

式中　Δf ——线性度；

　　　Δf_{max} ——标定曲线对于理论拟合直线的最大偏差。

仪表的各品质指标之间互相都有影响。品质越高的仪表，制造工艺越复杂，成本越高。对于重要的变量，选用高品质的仪表；对于次要的变量，应采用较低品质的仪表，应照顾到生产的合理性和经济性。

四、仪表的检定

在工业生产中，为了确保测量结果的真实性和可靠性，对使用了一定时间之后以及检修过的仪表都应进行检定，以确保仪表合格。仪表检定的步骤一般包括外观检查、内部机件性能检查、绝缘性能检查以及示值校验等。示值校验一般是要判断仪表的基本误差、变差等是否合格。示值校验方法通常有两种。

1. 示值比较法

用标准仪表与被校表同时测量同一参数，以确定被校表各刻度点的误差。校验点一般选取被校表上的整数刻度点，包括零点及满刻度点不得少于5点（校验精密度仪表时校验点不得少于7点），校验点应基本均匀分布于被校表的整个量程范围。各校验点的误差不超过该仪表准确度等级规定的允许误差则为合格。

校验仪表时所用的标准表，其允许误差应不大于被校表允许误差的三分之一（绝对误差），量程应等于或略大于被校表的量程。

2. 标准状态法

利用某些物质的标准状态来校验仪表。例如利用水、各种纯金属的状态转变点温度来校验温度计，利用空气中含氧量一定的特性来校验工程用氧量计等。

第二节　仪表的防护

一、防爆问题

爆炸即物质从一种状态经过物理或化学变化突然变成另一种状态，并放出巨大的能量。急剧速度释放的能量，将使周围的物体遭受到猛烈的冲击和破坏。

爆炸必须具备的三个条件如下。

① 易爆物质：能与氧气（空气）反应的物质，包括气体、液体和固体（气体如氢气、乙炔、甲烷等，液体如酒精、汽油，固体如粉尘、纤维粉尘等）。很多生产场所都会产生某些可燃性物质。化学工业中，约有80%以上的生产车间区域存在爆炸性物质。

② 氧气：无处不在的空气中的氧气、纯氧，释放氧气的化合物（例如锰酸钾）。

③ 点燃源：包括明火、电气火花、机械火花、静电火花、高温、化学反应、光能等。在生产过程中大量使用电气仪表，各种摩擦的电火花、机械磨损火花、静电火花、高温等不可避免，尤其当仪表、电器发生故障时。

客观上很多工业现场满足爆炸条件。当爆炸性物质与氧气的混合浓度处于爆炸极限范围内时，若存在爆炸源，将会发生爆炸。因此采取防爆措施就显得很必要了。

防爆形式是指为防止点燃周围爆炸性环境而对电气设备采取专门措施的形式。对于电动防爆仪表，通常采用隔爆型、增安型和本质安全型三种形式。

(1) 隔爆型电气设备　具有隔爆外壳的电气设备，是指把能点燃爆炸性混合物的部件封闭在一个外壳内，该外壳能承受内部爆炸性混合物的爆炸压力，并阻止其向周围的爆炸性混合物传爆的电气设备。隔爆型仪表的壳体内部是可能发生爆炸的，但不会传到壳体外面去，因此这种仪表的各部件的接合面，如仪表盖的螺纹圈数、螺纹精度、零点、量程调整螺钉和表壳之间，变送器的检测部件和转换部件之间的间隙，以及导线口等，都有严格的防爆要求。

隔爆型仪表除了较笨重外，其他比较简单，不需要如安全栅之类的关联设备。但是在打开表盖前，必须先把电源关掉，否则万一产生火花，便会暴露在大气之中，从而出现危险。

(2) 增安型电气设备　对在正常运行条件下不会产生电弧或火花的仪表设备，进一步采取措施，提高其安全程度，防止产生危险温度、电弧和火花的可能性（如在过载等条件下），采取这种防爆措施的仪表称为增安型仪表。

(3) 本质安全型电气设备　又称安全火花型，指在正常运行或在标准试验条件下所产生的火花或热效应均不能点燃爆炸性混合物的电气设备。其防爆主要由以下措施来实现：采用新型集成电路元件等组成仪表电路，在较低的工作电压和较小的工作电流下工作；用安全栅把危险场所和非危险场所的电路分隔开，限制由非危险场所传递到危险场所去的能量；仪表的连接导线不得形成过大的分布电感和分布电容，以减少电路中的储能。它能适用于一切危险场所和一切爆炸性气体、蒸气混合物环境，并可以在通电的情况下进行维修和调整。但是，它不能单独使用，必须和本安（即本质安全）关联设备（安全栅）、外部配线一起组成本安电路，才能发挥防爆性能。本质安全防爆系统的组成如图1-2所示。

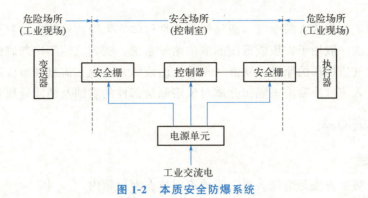

图 1-2 本质安全防爆系统

安全栅是保证过程控制系统具有本质安全防爆性能的关键仪表。它必须安装在控制室内,作为控制室仪表及装置与现场仪表的关联设备,它一方面起信号传输的作用,另一方面还用于限制流入危险场所的能量,从而确保现场设备、人员和生产的安全。

二、防腐蚀问题

1. 防腐蚀概念

由于化工介质多有腐蚀性,所以通常把金属材料与外部介质接触而产生化学作用所引起的破坏称为腐蚀。如仪表的一次元件、调节阀等直接与被测介质接触,受到各种腐蚀介质的侵蚀。此外,现场仪表零件及连接管线也会受到腐蚀性气体的腐蚀。因此,为了确保仪表的正常运行,必须采取相应措施来满足仪表精度和使用寿命的要求。

2. 防腐蚀措施

(1) 合理选择材料 针对性地选择耐腐蚀金属或非金属材料来制造仪表的零部件是工业仪表防腐蚀的根本办法。例如用金属钛等制作的仪表对含氯离子的介质有很好的耐腐蚀性;用聚四氟乙烯制作的仪表部件和垫片广泛地应用在各种腐蚀介质环境中。

(2) 加保护层 在仪表零件或部件上制成保护层,也是工业中十分普遍的防腐蚀方法。按照保护层的材料和成型原理不同,可分为如下几种:

① 金属保护层,包括电镀、喷涂、热浸、渗碳等;

② 非金属保护层,如涂料、耐酸水泥、塑料、橡胶、搪瓷等覆盖层或衬里,或者它们组成的联合覆盖层;

③ 非金属保护膜,在金属表面进行化学处理,生成氧化物膜、磷酸盐膜等保护膜。

(3) 采用隔离液 这是防止腐蚀介质与仪表直接接触的有效方法。在无法选择合适的耐腐蚀性仪表时,采用隔离液可达到隔离的目的,常用于腐蚀性介质的压力、流量、液位测量。隔离液必须既不与被测介质互溶和起化学作用,也不能对仪表测量部件有腐蚀性。隔离液的密度应不同于被测介质和仪表工作介质的密度,并且在环境温度变化时,其密度和黏度均不应发生显著变化;同时还应具有良好的流动性,在意外情况下,隔离液混入测量管线时,应不影响被测介质的使用。

(4) 膜片隔离 利用耐腐蚀的膜片将隔离液或填充液与被测介质加以分离,实现防腐目的。它适用于强腐蚀性介质、难于采用管内隔离或容器隔离的场合,一般适用于压力测量,不宜用于差压测量。隔离膜片应具有弹性和不渗透性,如常用的膜片式压力计、单法兰防腐压力变送器等。

（5）吹气法 是用吹入的空气（或氮气等惰性气体）来隔离被测介质对仪表测量部件的腐蚀作用。吹气法一般用于常压或低压的液位测量系统，吹入气体不应与腐蚀性被测介质发生作用。根据吹气法恒压的原理，吹液（水等清洁液体）法也在流量和液位测量系统中得到了应用。例如吹入蒸汽冷凝液来隔离介质对仪表测量部件的腐蚀及消除导压管堵塞。

三、防尘及防震问题

1. 防尘问题

仪表外部的防尘方法是给仪表罩上防护罩或放在密封箱内。

对于被测介质中含有灰尘、杂质、颗粒等的防护，除了采用减少灰尘等措施防止堵塞外，一般采用加粗摄取管、加设除尘器、加装吹气装置及加装保护屏等方法。

加粗摄取管常与除尘器、吹洗装置联合使用。当采用不带环室的孔板测量流量时，可在取压口直接用约1.5～2m的加粗摄取管，加装堵头，以便维修时作清洗孔或作为放空用。液位测量时，为防止负压管内生成结晶，可对负压管采用吹蒸汽冷凝液的方法。对于含水分的气体测量，可以采用气、水分离器，这在压力和流量的测量中是常见的。

2. 防震问题

仪表和设备的震动来自内部和外部的因素。内部的震动表现为被测介质的脉动，例如从单缸压缩机压出的流体会使仪表弹性元件易于损坏，并影响测量的精确度。外部的震动常由物料的输送、压碎、研磨等动力机械的运转所引起，外部震动也可以由激烈化学反应的进行而引起。

为了减少和防止震动对仪表元件及测量精确度等的影响，通常可以采用下列方法。

（1）增设缓冲器或节流器 缓冲器可以是一个空的容器，它装在取压点与检测仪表之间，脉动的压力通过缓冲器后，气压变得平稳，从而减少被测介质的脉动造成的影响。节流器通常可用限流孔板，通过节流孔形成的阻力可以减少气相或液相介质压力的脉动。

（2）安装橡胶软垫吸收震动 在仪表支撑面上加入橡皮或者仪表采用弹簧连接后再固定在支架上，也可采用将整个仪表盘用防震橡皮垫圈固定在基座上的方法。这些方法均可有效地吸收外部的震动。

（3）加入阻尼装置 采用阻尼装置和阻尼阀组成阻容环节，能有效地减少介质的脉动。

（4）选用耐震的仪表 除选用以上几种减震方法外，也可以在设计选型时从根本上解决震动问题。如在泵出口脉动管线上安装耐震压力表；在脉动流量情况下选用对流动状态不敏感的流量计。

 知识巩固

一、单项选择题

1. 仪表的精度级别是指仪表的（　　）。
   A. 允许误差　　　B. 基本误差　　　C. 最大误差　　　D. 基本误差和最大允许值
2. 1.5级仪表的精度等级写法错误的是（　　）。
   A. 1.5级　　　B. ±1.5级　　　C. ⓵.5　　　D. △1.5

3. 测量结果与真实值接近程度的量称为（　　）。
   A. 测量精度　　　B. 测量误差　　　C. 仪表精度　　　D. 仪表复现性
4. 有两台测温仪表，其测量范围分别是 0～800℃和 600～1100℃，已知其最大绝对误差为±6℃，则两台仪表的精度等级分别为（　　）。
   A. 0.75 级、1.2 级　　　　　　　　B. 1 级、1.25 级
   C. 1 级、1.5 级　　　　　　　　　D. 0.75 级、1.2 级
5. 已知真值为 200℃，测量结果为 202℃，其绝对误差是（　　）。
   A. 2℃左右　　　B. −2℃左右　　　C. ±2℃左右　　　D. 0.01℃

二、判断题

1. 仪表的精度在数值上反映允许误差的大小。（　　）
2. 绝对误差可以作为仪表测量精度的比例尺度。（　　）
3. 绝对误差指测量值与真实值（标准值）之间的差值。（　　）
4. 精度为 1.5 级的压力表，其允许的最大绝对误差为表刻度极限的±1.5%。（　　）
5. 工业现场用的模拟仪表精度等级一般是 0.5 级以下。（　　）

三、简答题

1. 对于电动防爆仪表，通常采用哪三种防爆形式？
2. 在企业中，仪表常用防腐蚀措施都有哪些？
3. 有两块直流电流表，它们的精度和量程分别为：（1）1.0 级，0～250mA（1 号表）；（2）2.5 级，0～75mA（2 号表）。现要测量 50mA 的直流电流，从准确性、经济性考虑，哪块表更合适？

第二章　压力检测仪表

学习引导

港珠澳大桥一桥连接中国的内地、香港和澳门，因建设周期长、投资多、施工难度大，被誉为桥梁界的"珠穆朗玛峰"。港珠澳大桥的建成有很多的黑科技在背后支撑，其中先进的传感器测量技术是实现和保证港珠澳大桥正常运转和安全的基础之一。据粗略统计，港珠澳大桥至少用到了千种相关的传感器，其中压力传感器是最重要的成员之一，主要用于实时检测桥梁的健康状况、隧道内的压力、气压差等，与其他传感器一起构成了港珠澳大桥的高精密感知系统。

本章将着重讨论各类压力检测仪表的基本结构和原理，并运用这些仪表进行各类介质的压力测量。

学习目标

（1）知识目标　了解测压仪表的分类。熟悉应变片式压力传感器、压阻式压力传感器、智能型变送器的结构、原理及应用。掌握压力的表示方法；弹簧管压力表、电容式压力变送器的结构、原理与应用；压力表的选型方法和安装方法。

（2）能力目标　能根据测量要求选用合适的压力检测仪表；能正确安装、使用弹性式压力表和电气式压力表。

（3）素质目标　培养一丝不苟、精益求精的工匠精神；树立安全生产意识。

压力是表征生产过程中工质状态的基本参数之一。在化工、制药等生产过程中，经常会遇到压力和真空度的检测，其中包括比大气压力高很多的高压、超高压和比大气压力低很多的真空度的检测。

第一节　压力检测的基本知识

一、压力的定义及单位

压力（p）是指均匀垂直地作用在单位面积上的力，这里所指的压力在物理上是压强的概念。

根据国际单位制规定，压力的单位为帕斯卡，简称帕（Pa）。

$$1Pa=1N/m^2$$

$$1\text{MPa} = 1 \times 10^6 \text{Pa}$$

国际单位制中的压力单位（Pa 或 MPa）与其他压力单位之间的换算关系，见表 2-1。

表 2-1　各种压力单位换算表

压力单位	帕(Pa)	兆帕(MPa)	物理大气压(atm)	汞柱(mmHg)	水柱(mH$_2$O)
兆帕	1×10^6	1	9.869	7.501×10^3	1.0197×10^2
物理大气压	1.0133×10^5	0.10133	1	760	10.33
汞柱	1.3332×10^2	1.3332×10^{-4}	1.3158×10^{-3}	1	0.0136
水柱	9.806×10^3	9.806×10^{-3}	0.09678	73.55	1

二、压力的表示方法

在压力测量中，常有表压、绝对压力、负压或真空度之分，其关系如图 2-1 所示。

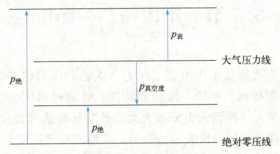

图 2-1　各种压力的关系

工程上所用的压力指示值，大多为表压（绝对压力计的指示值除外）。表压是绝对压力和大气压力之差，即

$$p_\text{表} = p_\text{绝} - p_\text{大气压} \tag{2-1}$$

当被测压力低于大气压力时，一般用负压或真空度来表示，它是大气压力与绝对压力之差，即

$$p_\text{真空度} = p_\text{大气压} - p_\text{绝} \tag{2-2}$$

因为各种工艺设备和测量仪表通常是处于大气之中，本身就承受大气压力。所以，工程上常用表压或真空度表示压力的大小。以后提到的压力，除特别说明外，均指表压或真空度。

三、压力等级的划分

常压：$0 \leqslant p \leqslant 0.1\text{MPa}$

低压：$0.1\text{MPa} \leqslant p \leqslant 1.6\text{MPa}$

中压：$1.6\text{MPa} \leqslant p \leqslant 10\text{MPa}$

高压：$10\text{MPa} \leqslant p \leqslant 100\text{MPa}$

超高压：$p \geqslant 100\text{MPa}$

压力检测仪表的常见类型如表 2-2 所示。

表 2-2 测压仪表的常见类型

类型	工作原理	优缺点	主要用途
液柱式压力表	根据流体静力学原理将被测压力转换成液柱高度差进行测量	结构简单、使用方便、测量范围窄	用来测量低压力或真空度
弹性式压力表	将被测压力转换成弹性元件变形或位移进行测量	结构简单、使用方便、测量范围宽、价格便宜、应用广泛	可测压力、压差、真空度,可现场使用也可集中电测
电气式压力表	通过机械和电气元件将被测压力转换成电量(电压、电流等)进行测量	测量范围广、可实现信号远传、便于集中控制	将压力、差压等转换成电信号,可进行信号远传或集中控制
活塞式压力表	依据液压传递原理,将被测压力转换成活塞上所加平衡砝码的重量进行测量	测量精度高,但价格昂贵、结构复杂	作为标准压力表使用

第二节 常用压力检测仪表

压力检测仪表可分为就地指示压力表、压力变送器和压力传感器。根据使用要求的不同,压力检测仪表可具有指示、报警、远传等功能。就地指示压力表可进行压力的测量指示;压力变送器可将检测元件得到的表征压力大小的非标准信号转换成统一标准信号[4~20mA(DC)]送往显示仪表或控制仪表进行显示、控制或记录;压力传感器可把压力信号检测出来,并转换成电信号输出。

一、弹性式压力表

弹性式压力表是利用弹性元件作为压力敏感元件,把压力信号转换成弹性元件的位移或力的一种测量仪表。这种仪表具有结构简单、使用可靠、测量范围广、价格低廉及精度足够等优点。

1. 弹性元件

弹性元件是一种简易可靠的测压敏感元件,测压范围不同,所用的弹性元件也有所不同。常见弹性元件如图 2-2 所示。

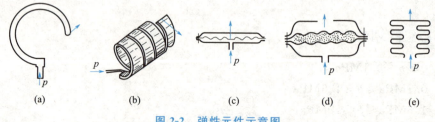

图 2-2 弹性元件示意图

(1) 弹簧管式弹性元件 单圈弹簧管是弯成圆弧形的空心金属管子,它的截面为扁圆形或椭圆形,如图 2-2(a) 所示。当通入压力 p 后,它的封闭端就会产生位移。单圈弹簧管自由端位移较小,因此能测量较高的压力。为增加自由端的位移,可以制成多圈弹簧管,如图 2-2(b) 所示。

(2) 薄膜式弹性元件 薄膜式弹性元件主要有膜片与膜盒。图 2-2(c) 为膜片式弹性元件,它是由金属或非金属材料做成的具有弹性的一张膜片,常用的膜片有平薄膜片和波纹膜片。若将两块弹性膜片沿周边对焊起来,形成一薄膜盒子,其内充液体(硅油),称之为膜盒,如图 2-2(d) 所示。

单圈弹簧管

(3) 波纹管式弹性元件 波纹管式弹性元件如图 2-2(e) 所示。这种弹性元件易于变形,而且位移较大,常用于微压与低压的测量(一般不超过 1MPa)。

膜盒式压力传感器

2. 弹簧管压力表

弹簧管压力表的结构原理如图 2-3 所示。其中,弹簧管是一根弯成 270°圆弧的椭圆截面的空心金属管子,一端固定,另一端称为自由端。当通入被测压力 p 后,弹簧管产生向外挺直的扩张变形,其自由端产生微小的角位移,压力越大位移也越大,这就是弹簧管压力表的测压原理。由于自由端的位移一般较小,直接显示有困难,所以该位移信号通过齿轮传动机构放大,使指针在面板上指示被测压力的大小。

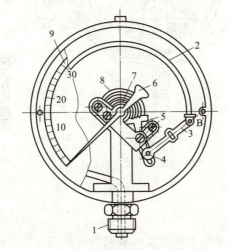

图 2-3 弹簧管压力表

1—接头;2—弹簧管;3—拉杆;4—调节螺钉;5—扇形齿轮;
6—指针;7—中心齿轮;8—游丝;9—面板

弹簧管压力表

弹簧管压力表测量范围宽,可测量压力从负压到最大正压 160MPa,用于较干净的气液介质压力的测量。

3. 隔膜压力表

隔膜压力表由隔离膜片和普通弹簧管压力表组成,其测量原理如图 2-4 所示。当测量介质的压力 p 作用于隔膜时,隔膜产生变形从而对弹簧管中的填充液产生压力,填充液传递压力使弹簧管的封闭端产生形变进而指示出压力的值。隔膜压力表适用于强腐蚀、高温、高黏度、易结晶、易凝固或有固体悬浮物等介质的压力测量。

4. 电接点式弹簧管压力表

实际生产过程中，常需要把压力控制在某一范围内，即当压力低于或高于给定范围时，就会破坏正常工艺条件，甚至可能发生危险。将普通弹簧管压力表稍加变化，便可成为电接点信号压力表，它能在压力偏离给定范围时及时发出信号，以提醒操作人员注意或通过中间继电器实现压力的自动控制。

如图 2-5 所示，压力表上的动触点指针用于指示压力的大小，两个静触点指针用于设置压力的高低限范围，静触点 2 为低限、3 为高限，高低限压力范围可根据生产需要灵活调整。当压力到达上限时，动触点和高限静触点接触，上限报警电路导通，红色报警灯亮；当压力到达下限时，动触点与低限静触点接触，低限报警电路导通，绿色报警灯亮。

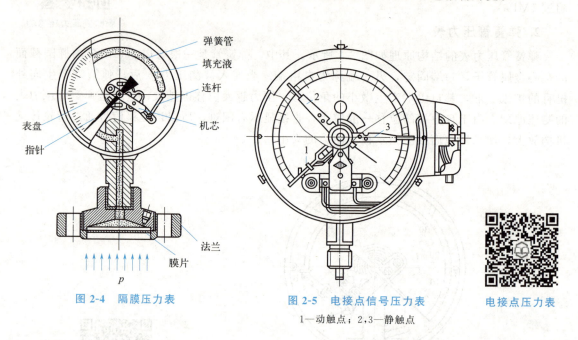

图 2-4　隔膜压力表　　　图 2-5　电接点信号压力表　　　电接点压力表
　　　　　　　　　　　　1—动触点；2,3—静触点

实例分析

案例　真空干燥又称减压干燥，是利用较低的温度，在减压条件下对物料进行加热从而获得干燥产品的操作，具有干燥温度低、时间短的优点，专为热敏性、易分解和易氧化物质而设计，广泛应用于制药、化工、食品等行业。

问题　① 真空干燥时，干燥器的真空度用什么仪表进行检测？
② 弹簧管压力表可以测量真空度吗？

二、电气式压力表

电气式压力表是一种能将压力转换成电信号并进行传输及显示的仪表。该仪表的测量范围较广，可测 7×10^{-5} Pa～5×10^{2} MPa 的压力，允许误差可至 0.2%。由于可以远距离传送信号，所以在工业生产过程中可以实现压力自动控制和报警，并可与工业控制机联用。

1. 电容式压力变送器

电容式压力变送器既可测量单个压力,也可测量压力差,其输出信号是标准的 4～20mA(DC)电流信号,具有结构简单、过载能力强、可靠性好、测量精度高等优点。

电容式压力变送器的基本结构如图 2-6 所示,由测量和变送指示两个部分组成,测量部分接收压力信号并把压力信号转换成电容值的变化;变送部分把电容值的变化转换成 4～20mA(DC)标准信号输出。测量部分的原理如图 2-7 所示。将左右对称的不锈钢底座的外侧加工成环状波纹沟槽,并焊上波纹隔离膜片。玻璃层内表面为凹球面,球面上镀有金属膜,此金属膜有导线通往外部,构成电容的左右固定极板。两个固定极板之间是由弹性材料制成的测量膜片。当被测压力加在隔离膜片上后,通过腔内的硅油将被测压力引入到测量膜片,使测量膜片与固定电极的间距不再相等,从而产生电容值的变化,只要测出电容的微小变化就可测出压力的大小。

电容式压力变送器

图 2-6 电容式压力变送器

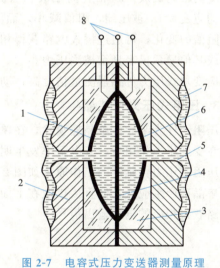

图 2-7 电容式压力变送器测量原理

1,6—固定电极;2—底座;3—玻璃层;4—测量膜片;
5—硅油;7—隔离膜片;8—引线(接变送部分)

电容式差压变送器的结构可以有效地保护测量膜片,当压力过大并超过允许测量范围时,测量膜片将平滑地贴靠在玻璃凹球面上,因此不易损坏,过载后的恢复特性很好,这样大大提高了过载承受能力。

2. 应变片式压力传感器

应变片是由金属导体或半导体材料制成的电阻体,应变片在外力作用下产生微小形变时会导致电阻体的电阻值发生变化。应变片式压力传感器是利用电阻应变原理工作的,当应变片产生压缩(拉伸)应变时,其阻值减小(增加),再通过桥式电路获得相应的毫伏级电势输出,并用毫伏计或其他记录仪表显示出被测压力,从而组成应变片式压力计。

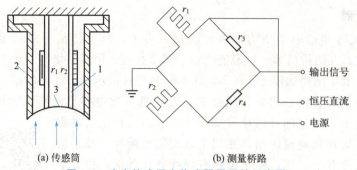

(a) 传感筒　　　　(b) 测量桥路

图 2-8　应变片式压力传感器原理的示意图

1—应变筒；2—外壳；3—密封膜片

应变片式压力传感器

应变片式压力传感器的原理如图 2-8 所示。应变筒的上端与外壳固定在一起，下端与不锈钢密封膜片紧密接触，两片康铜丝应变片 r_1 和 r_2 用特殊胶黏剂贴紧在应变筒的外壁。r_1 沿应变筒轴向贴放；r_2 沿径向贴放。当被测压力作用于膜片时，传感筒受压变形，沿轴向贴放的应变片 r_1 被压缩，阻值减小，而沿径向贴放的应变片 r_2 被拉伸，r_2 阻值变大。应变片阻值的变化，再通过桥式电路获得相应的毫伏级电势输出，如图 2-8(b) 所示，并用毫伏计或其他显示仪表显示被测压力。

应变片式压力传感器测量精度高，动态性能好，测量范围可达几百兆帕。

3. 压阻式压力传感器

压阻元件为半导体单晶硅膜片，在单晶硅膜片上用集成电路工艺制成扩散电阻，半导体材料在受到压力作用后，其电阻率发生明显变化，这种现象称为压阻效应。

压阻式压力传感器的工作原理如图 2-9 所示。扩散电阻接成桥式电路，当压力发生变化时，单晶硅产生应变，使直接扩散在上面的应变电阻产生与被测压力成比例的变化，再由桥式电路获得相应的电压输出信号。

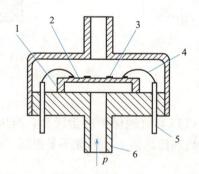

图 2-9　压阻式压力传感器工作原理

1—硅杯；2—单晶硅膜片；3—扩散电阻；4—内部引线；5—引线端；6—压力接管

压阻式压力传感器具有灵敏度高、结构尺寸小、工作可靠、使用寿命长等优点，可以测量压力、差压、高度、速度、加速度等参数。

即学即练

现需测一物料输送管道中位于不同位置的两点压力差，可用什么仪表进行测量？

三、智能型压力（差压）变送器

智能型压力（差压）变送器，如图 2-10 所示，是在普通压力或差压传感器的基础上增加微处理器电路而形成的智能检测仪表。按检测的变量不同，可分为智能型压力变送器、智能型差压变送器等。

智能型压力变送器可以通过手持通信器（手操器）编制各种程序、远程进行零点调整，还有自修正、自诊断、自补偿等功能，手持通信器如图 2-11 所示。手持通信器（手操器）可以接在现场变送器的信号端子上，就地设定和检测，也可以在远离现场的控制室中，接在某个变送器的信号线上进行远程设定和检测。

图 2-10　智能型压力变送器

图 2-11　手持通信器

手持通信器能够实现下列功能：
① 组态（使用功能的编程）。
② 测量范围的变更。
③ 变送器的校准（零点和量程等）。
④ 自诊断（硬件和软件）。

智能型变送器具有以下特点：
① 性能稳定，可靠性好，测量精度高。
② 量程范围大，时间常数可调整范围宽，有较宽的零点迁移范围。
③ 具有温度、静压的自动补偿功能，可对非线性进行自动校正。
④ 具有数字、模拟两种输出方式，实现双向数据通信，方便与计算机系统连接。
⑤ 可进行远程通信，通过现场通信器，具有自修正、自补偿、自诊断及错误方式报警等功能，使用和维护方便。

第三节　压力检测仪表的选用、安装及维护

在工程应用中，如何选择恰当的压力检测仪表是一项重要的工作。为了正确、及时地反映被测对象压力的变化，必须根据生产工艺对压力测量的要求、被测介质的特性、

现场使用的环境等条件本着节约的原则合理地考虑压力检测仪表的类型、形式、量程、准确度等。

此外还必须正确选择测量点，正确设计和铺设导压信号管路等，否则会影响测量结果。

一、压力检测仪表的选择

选择压力检测仪表主要是确定其种类、量程和精度等。

1. 仪表种类的选择

压力检测仪表类型的选择主要应考虑以下几个方面。

(1) 被测介质的性质　被测介质是流动的还是静止的，黏性大小，温度高低，是液体还是气体，是否具有腐蚀性、爆炸性和可燃性等。对腐蚀性较强的压力介质应使用像不锈钢之类材料的弹性元件；对氧气、乙炔等介质应选用专用的压力仪表。

(2) 对仪表输出信号的要求　需要就地显示还是要远传压力信号。弹性式压力检测仪表是就地直接指示型仪表，在许多工程现场中就地观察压力变化的情况。电气式压力检测仪表可把压力信号远传到控制室。

(3) 压力检测仪表的使用环境　有无振动，温度的高低，湿度的高低，环境有无腐蚀性、爆炸性和可燃性。对爆炸性较强的环境，在使用电气式压力检测仪表时，应选择防爆型压力仪表；对于温度特别高或特别低的环境，应选择温度系数小的敏感元件以及相应的变换元件。

2. 仪表量程的选择

目前我国压力和差压测量仪表按系列生产，其量程上限为 1、1.6、2.5、4.0、6.0kPa 以及它们的 10^n 倍数（n 为整数）。

在测量压力时，为了延长仪表使用寿命，避免弹性元件因受力过大而损坏，压力计的上限应该高于工艺生产中可能的最大压力值。根据"化工自控设计技术规定"，在测量稳定压力时，压力表的正常压力为量程的 1/3～2/3；测量脉动压力时，压力表的正常压力为量程的 1/3～1/2；测量高压压力时，最大工作压力不应超过量程的 3/5。

根据被测压力的最大值和最小值计算出仪表的上、下限后，可查阅相关的产品名录选择合适的压力表。

3. 仪表精度的选择

根据工艺生产所允许的最大测量误差来选择压力检测仪表的精度，同时应本着节约的原则，只要测量精度能满足生产的要求就不必追求高精度的仪表。

二、压力检测仪表的安装使用要求

1. 测压点的选择

所选择的测压点应能反映被测压力的真实大小，测压点的选择应注意以下几点：

① 要选在被测介质直线流动的管段部分，不要选在管路拐弯、分叉、死角或其他易形成漩涡的地方。

② 测量流动介质的压力时，应使测压点与流动方向垂直，测压管内端面与生产设备连接处的内壁应保持平齐，不应有凸出物或毛刺。

③ 测量液（气）体压力时，取压点应在管道下（上）部，使导压管内不积存气（液）体。

2. 导压管铺设

① 导压管一般内径为 6~10mm，长度应尽可能短，最长不得超过 50m，以减少压力指示的迟缓。如超过 50m，应选用能远距离传送的压力计。

② 导压管水平安装时应保证有 1:10~1:20 的倾斜度，以利于其中积存的液体（或气体）的排出。

③ 当被测介质易冷凝或冻结时，必须加设保温伴热管线。

④ 取压口到压力检测仪表之间应装有切断阀，以备检修时使用。切断阀应装设在靠近取压口的地方。

3. 压力表的安装

① 安装地点应便于观察和检修。

② 避免振动和高温。

③ 为安全起见，测量高压时应选用有通气孔的压力表，安装时表壳应向墙壁或无人通过之处，以防发生意外。

④ 如图 2-12 所示，测量高温介质时（温度高于 60℃，如蒸汽压力时），导压管需加装冷凝弯管，以防止高温介质直接与测压元件接触 [图 2-12(a)]。对于有腐蚀性介质的压力测量，应加装有中性介质的隔离罐，图 2-12(b) 表示了被测介质密度 ρ_2 大于和小于隔离液密度 ρ_1 的两种情况。

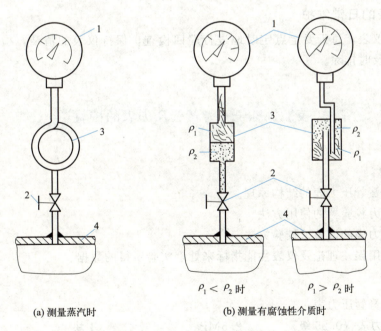

(a) 测量蒸汽时　　(b) 测量有腐蚀性介质时

图 2-12　压力计安装示意图

1—压力表；2—切断阀；3(a)—冷凝管；3(b)—隔离罐；4—取压容器

⑤ 当被测压力较小，而压力表与取压口又不在同一高度时，对由此高度而引起的测量

误差应按 $\Delta p = \pm \rho g H$ 进行修正。式中，H 为高度差；ρ 为导压管中介质的密度；g 为重力加速度。

三、压力检测仪表的使用和维护

在化工生产中，压力表由于受到具有腐蚀、凝固结晶、黏性、含尘以及高压、高温、急剧波动等被测介质的影响，常会发生各种故障。为了确保仪表正常运行，减少故障的发生，延长使用寿命，必须做好生产开车前的维护检查和日常维护工作。

1. 生产开车前的维护检查

生产开车前，通常要对工艺设备、管道等进行试压工作，试验压力一般为操作压力的1.5倍左右。在工艺试压时要关闭连接仪表的阀门，打开取压装置上的阀门，检查接头及焊接等处有否渗漏，如发现泄漏处，应及时想办法排除。

试压完毕后准备开车生产之前，应再次全面核对所安装的压力表的规格、型号是否与工艺要求的被测介质压力相符合；校验过的仪表是否有合格证，如有差错，应及时纠正。对液体压力表需灌注工作液，校正好零点。装有隔离装置的压力表，需加好隔离液。

2. 压力表在开车时的维护检查

生产开车时，对脉动介质的压力测量，为了避免受瞬时冲击超压而损坏压力表，应缓慢地开启阀门并注意观察运行情况。

测量蒸汽或热水的压力表，应先在冷凝器内灌入冷水后，再打开压力表上的阀门。当发现仪表内或管线有泄漏时，要及时切断取压装置上的阀门，然后进行处理。

3. 压力表的日常维护

运行中的仪表，每天要定点定时地进行巡回检查，保持仪表的清洁，检查仪表的完整性，发现问题及时排除。

技能训练一　弹簧管压力表的校验

一、实训目的

① 了解弹簧管压力表的结构原理。
② 熟悉压力校验器的使用方法。
③ 掌握压力表的调整、校验方法。
④ 掌握运用误差理论及仪表性能指标来处理实验所得的数据。

二、实训器材

① 单圈弹簧管压力表：
 a. 标准压力表（0.25级）　　　2.5MPa　　　1块
 b. 被校压力表（1.6级）　　　2.5MPa　　　1块
② 压力校验器　　　　　　　　6MPa　　　　1台

三、实验装置图

实验装置见图2-13。

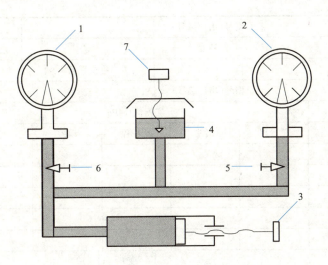

图 2-13　弹簧管压力表校验装置示意图

1—被校压力表；2—标准压力表；3—压力校验器手轮；4—油杯；5,6—截止阀手轮；7—油杯针形阀

四、实验步骤

① 在压力校验器油杯中注满变压器油，并排净系统中气体。

② 分别把标准表及被校表安装在相应的接头上，并检查系统是否漏油，做好实验前的准备工作。

③ 打开油杯进油阀门，并关闭截止阀门，缓慢逆时针旋出校验器手轮。关闭油杯阀门，打开截止阀门。

④ 首先调整好仪表的零点和量程（即刻度的终点）。

a. 仪表零点的调整：调整压力校验器的手轮，将标准表的压力调整到量程的 1/3 处。将被校表的表罩取下，用起针器将被校表指针取下，重新安装到量程的 1/3 处。

b. 仪表量程的调整：调整压力校验器的手轮，将标准表的压力加到满量程处，保持压力信号不变。将被校表的表罩、指针、刻度盘取下，调整被校表的量程调整螺钉，使被校表的压力达到满量程。

c. 仪表的零点和量程要反复调整数次，直到零点和量程都调好为止。

⑤ 在全量程范围内将被校表的量程平均分成 5 份以上，以各点为校验点。首先按正行程（由小→大）校验，然后按反行程（由大→小）校验，重复做两次，同时读取并记录被校表和标准压力表的示值。

⑥ 实验过程中，应保持压力表指针单方向无跳动地增加或减少。

五、实训作业

① 将得到的实验数据和处理结果填于表 2-3 中。

② 确定被校验压力表的精度等级。

$$\delta_{允} = \pm \frac{\Delta_{max}}{标尺上限值-标尺下限值} \times 100\% \tag{2-3}$$

式中　Δ_{max}——仪表在测量范围内各点上误差的最大值。

表 2-3　校验记录表

被校表名称		型号(出厂编号)			位号	
量程		精度			允许误差	
测量介质				生产厂家		
标准表名称		型号(出厂编号)			精度	
标准示值/MPa		实测值/MPa				备注
输入	输出	正行程	误差	反行程	误差	变差	
最大基本误差				变差			
校验结论:该表		(合格/不合格)					
校验人				审核人			
日期:							

六、问题讨论

① 校验前不调整仪表零点及量程可否？为什么？

② 标准表比被校表精度要高出一定数量级，但标准表的量程也比被较表的量程要高得多时可以吗？为什么？

知识巩固

一、单项选择题

1. 压力是（　　）均匀地作用于单位面积上的力。
   A. 水平　　　　　B. 垂直　　　　　C. 斜着　　　　　D. 都可以

2. 下列表达式错误的为（　　）。
   A. $p_绝 = p_表 + p_大$
   B. $p_表 = p_绝 - p_大$
   C. $p_表 = p_绝 + p_大$
   D. $p_{真空} = p_绝 - p_大$

3. 弹簧管压力表中，弹簧管的截面形状为（　　）。
   A. 圆形　　　　　B. 椭圆形　　　　C. 三角形　　　　D. 其他

4. 下列不属于电气式压力表的是（　　）。
   A. 应变片式压力计　B. 压阻式压力计　C. 电容式压力计　D. 电接点压力计

5. 电容式压力（差压）变送器的输出信号为（　　）。
   A. 0~10mA　　　　B. 4~20mA　　　　C. 0~5V　　　　　D. 1~5V

6. 选取压力表的测量范围时，被测压力不得小于所选量程的（　　）。
   A. 1/3　　　　　　B. 1/2　　　　　　C. 2/3　　　　　　D. 3/4

7. 某容器内的压力为1MPa，为了测量它，应选用量程最好为（　　）的工业压力表。
   A. 0~1MPa　　　　B. 0~1.6MPa　　　C. 0~2.5MPa　　　D. 0~4.0MPa

8. 压力表在测量（   ）介质时，一般在压力表前装隔离器。
A. 腐蚀性　　　　　B. 稀薄　　　　　C. 气体　　　　　D. 水

9. 在水平管道上测量气体压力时，取压点应选在（   ）。
A. 管道上部、垂直中心线两侧 45°范围内
B. 管道下部、垂直中心线两侧 45°范围内
C. 管道水平中心线以上 45°范围内
D. 管道水平中心线以下 45°范围内

10. 仪表引压管路的长度最大不应大于（   ）m。
A. 25　　　　　B. 50　　　　　C. 75　　　　　D. 40

二、判断题

1. 压力表的使用范围若低于 1/3，则仪表相对误差较大。（   ）
2. 测量脉动压力时最大工作压力不应超过仪表量程的 2/3。（   ）
3. 测量工艺管道内的真实压力，压力取源部件要安装在流束稳定的直管段上。（   ）
4. 当压力表测量高于 60℃的热介质时，一般压力表可加冷凝弯。（   ）
5. 压阻式和应变片式压力传感器既可以测单个压力也可以测差压。（   ）

三、简答题

1. 压力检测仪表有哪些类型？
2. 作为感压元件的弹性元件有哪些？各有何特点？
3. 测量压差时可用何种压力传感器？
4. 电容式压力变送器的工作原理是什么？有何特点？
5. 压力计安装时测压点的选择有哪些注意事项？

四、分析题

1. 某压力表的测量范围为 0~1MPa，准确度等级为 1.5 级。试问此压力表的允许最大绝对误差是多少？若用标准压力计来校验该压力表，在校验点为 0.5MPa 时，标准压力计上读数为 0.508MPa，试问被校压力表在这一点是否符合 1.5 准确度等级？为什么？

2. 某合成氨厂合成塔压力控制指标为 14MPa±0.4MPa，试选择一台就地指示的压力表（给出型号、测量范围、准确度等级）。

第三章 流量检测仪表

学习引导

水在人们的生活中扮演着重要的角色，人们的生产和生活都离不开水。据 2021 年的统计，中国人均水资源量只有 2098.5m³，仅为世界人均水平的 28%。全国城市中有约 2/3 缺水，约 1/4 严重缺水。节约用水，合理利用水资源是我们共同的任务。要完成这一任务，对用水量进行科学计量显得尤为重要。水是如何计量的呢？

本章将着重讨论各类流量检测仪表的基本结构和原理，并运用这些仪表进行各类流体的流量测量。

学习目标

(1) 知识目标　了解流量检测仪表的分类；熟悉椭圆齿轮流量计、涡街流量计、电磁流量计、质量流量计等的结构、工作原理及应用；掌握流量的定义，差压式流量计、转子流量计等常用流量检测仪表的结构、工作原理、特点和应用。

(2) 能力目标　能根据测量要求选用合适的流量检测仪表；能正确安装、使用差压式流量计；能判断差压式流量计的一般故障并进行排除；能进行差压变送器的校验。

(3) 素质目标　培养科学的思维方法和实事求是的工作作风，一丝不苟、精益求精的工匠精神。

在化工、制药过程中，为了有效地进行生产操作和控制，经常需要测量生产过程中各种介质（液体、气体、蒸汽等）的流量，以便为生产操作和控制提供依据。流量是判断生产状况、衡量设备效率的重要指标；是产品计量、企业资源核算的重要手段；如一班、一天、一月内流过的介质总量。所以要保证化工生产过程优质高产、低耗安全，提高经济效益，必须对流量进行测量和控制。

第一节　概述

一、流量的基本概念

流量指单位时间内流过管道某一截面的流体的体积或质量，也称瞬时流量，简称流量。而一段时间内流体流过管道某一截面的流体总量称为累积流量或总量。流量和总量，既可用体积表示也可用质量表示。单位时间内流体的流量以质量表示的称为质量流量，常用 M 表示；以体积表示的称为体积流量，常用 Q 表示。体积流量和质量流量的关系为：

$$M = \rho Q \tag{3-1}$$

式中 ρ——流体介质的密度。

用来测量液体、气体、蒸汽等流体流量的自动化仪表称为流量计；测量流体总量的仪表一般称为计量表。

标准状态下的体积流量：由于气体是可压缩的，流体的体积会受工况的影响，为了便于比较，工程上通常把工作状态下测得的体积流量换算成标准状态（温度为20℃，压力为一个标准大气压）下的体积流量，称为标态下的体积流量，常用 q_{vn} 表示，单位为 Nm^3/s。

二、流量检测仪表的类型

就测量原理而言，流量计可以分为以下三大类。

(1) 速度式流量计　速度式流量计是以管道内流体的流速作为检测依据的流量计。生产中用的差压式流量计、转子流量计、涡街流量计、电磁流量计、超声波流量计等，都属于速度式流量计。

(2) 容积式流量计　容积式流量计是以单位时间内所排出流体的固定容积数作为检测依据的流量计。常用的有椭圆齿轮流量计和腰轮流量计。

(3) 质量流量计　质量流量计是直接检测通过管道流体质量的流量计，分为直接式和补偿式。

流量检测仪表的常见类型如表3-1所示。

表 3-1　流量检测仪表的常见类型

类型	典型产品	工作原理	主要特点	应用场合
速度式流量计	差压式流量计	流体通过节流装置时，其流量与节流装置前后的压差有一定关系；差压变送器将差压信号转换为电信号送到显示仪表进行显示	结构简单、应用范围广、适应性强、性能稳定可靠，安装要求高，需要一定直管段	广泛用于气体、蒸汽、液体介质的流量测量
	电磁流量计	导体在磁场中运动，产生感应电动势，其值和流量成正比	测量元件与介质不接触，不受流体性质的影响，精度高	适用于测量导电性液体，不受流体密度、黏度、温度、压力变化的影响，可用于腐蚀性流体及含固体颗粒液体流量的测量
	超声波流量计	超声波在流动介质中传播时的速度与在静止介质中传播的速度不同，其变化量与介质的流速有关	非接触式检测，可测非导电性介质，不插入任何元件，不会影响被测流体的流动状况，无压力损失	可用于任何流体，甚至是强腐蚀、高黏度、非导电性等性能流体的流量检测，要求被测流体清洁
	涡街流量计	在流动的流体中放置一个漩涡发生体，会在其下游产生两列有规律的漩涡，漩涡发生的频率与流体流速成正比	可靠性高，应用范围广，可测各种液体、气体、蒸汽的流量	适用于大口径管道测量，但是流量计安装时要求有足够的直管段长度，漩涡发生体的轴线应与管路轴线垂直

续表

类型	典型产品	工作原理	主要特点	应用场合
容积式流量计	椭圆齿轮流量计	椭圆形齿轮或转子被流体冲转,每转动一周便有一定量的流体通过	精度高、结构复杂,不受黏度因素影响,一般不适合于高低温场合	用于液体介质的测量,但介质应清洁,不受介质性质影响
质量流量计	科里奥利质量流量计	流体在振动管中流动时会产生与质量流量成正比的科氏力	测量精度高,可直接测得流体的质量流量	测量精度较高,主要用于黏度和密度相对较大的单相和混相流体的流量测量,由于结构等原因,这种流量计适用于中小尺寸的管道的流量检测

第二节　差压式流量计

差压式流量计也称为节流式流量计,利用节流元件前后压差检测流量,它是目前工业生产过程中流量测量较成熟、较常用的方法之一。

差压式流量计由节流装置、导压管和差压变送器三个部分组成,如图 3-1 所示。

图 3-1　差压式流量计

一、测量原理

1. 节流现象

所谓节流装置就是在管道中放置的一个局部收缩元件,应用最广泛的是孔板,其次是喷嘴和文丘里管。流体在有节流装置的管道中流动时,在节流装置前后的管壁处,流体的静压产生差异的现象称为节流现象,如图 3-2 所示。

下面以孔板为例说明节流装置的节流现象。

节流现象

具有一定能量的流体才可能在管道中形成流动状态。流动流体的能量有两种形式,即静压能和动能,这两种形式的能量在一定条件下可以互相转化。根据能量守恒定律,流体所具有的静压能和动能,再加上克服流动阻力的能量损失,在没有外加能量的情况下,其总和是不变的。如图 3-2 表示在孔板前后流体的流速与压力的分布情况。流体在管道截面 I 前,以一定的流速 v_1 流动。此时静压力为 p_1'。在接近节流装置时,由于遇到节流装置的阻挡,靠近管壁处的流体受到节流装置的阻挡作用最大,因而使一部分动能转化为静压能,出现了节流装置入口端面靠近管壁处的流体静压力升高,并且比管道中心处的压力要大,即在节流装置入口端面处产生一径向压差。这一径向压差使流体产生径向加速度,从而使靠近管壁处的流体质点的流向就与管道中心轴线相倾斜,形成了流束的收缩运动。由于惯性作用,流束的最小截面并不在孔板的孔处，而是经过孔板后仍继续收缩，到截面Ⅱ处达到最小，这时流速最大，达到 v_2，随后流束又逐渐扩大，至截面Ⅲ后完全复原，流速降低到原来的数值，即 $v_1 = v_3$。

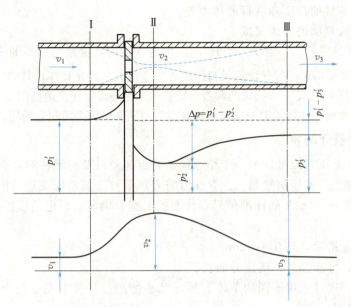

图 3-2　孔板装置及流速、压力分布图

由于节流装置造成流束的局部收缩，使流体的流速发生变化，即动能发生变化。与此同时，表征流体静压能的静压力也要发生变化。在Ⅰ截面，流体具有静压力 p_1'。到达截面Ⅱ，流体流速增加到最大值，静压力就降低到最小值 p_2'，而后又随着流束的恢复而逐渐恢复。由于在孔板端面处，流通截面突然缩小与扩大，使流体形成局部涡流，要消耗一部分能量，同时流体流经孔板时，要克服摩擦力，所以流体的静压力不能恢复到原来的数值 p_1'，而产生了压力损失 $\delta_p = p_1' - p_3'$。

节流装置前流体压力较高，称为正压，常以"＋"标志；节流装置后流体压力较低，称为负压，常以"－"标志。节流装置前后压差的大小与流量有关。管道中流动的流体流量越大，在节流装置前后产生的压差也越大，只要测出孔板前后侧压差的大小，即可表示流量的大小，这就是节流装置测量流量的基本原理。

由于产生最低静压力 p_2' 的截面Ⅱ的位置随着流速的不同会改变，因此要准确测量出截面Ⅰ、Ⅱ处的压力有困难。实际测量时，需在孔板前后的管壁上选择两个固定的取压点来测量流体在节流装置前后的压力变化。因而所测得的压差与流量之间的关系，与测压点及测压方式的选择是紧密相关的。

2. 流量基本方程式

流量基本方程式是阐明流量与压差之间定量关系的基本流量公式。它是根据流体力学中的伯努利方程和流体连续性方程式推导而得的，即

$$Q = \alpha \varepsilon F_0 \sqrt{\frac{2}{\rho_1} \Delta p} \tag{3-2}$$

$$M = \alpha \varepsilon F_0 \sqrt{2 \rho_1 \Delta p} \tag{3-3}$$

式中　α——流量系数。它与节流装置的结构形式、取压方式、孔口截面积与管道截面积之

比、雷诺数、孔口边缘锐度、管壁粗糙度等因素有关;

ε——膨胀校正系数。运用时可查阅有关手册而得。对于不可压缩流体,数值常取 $\varepsilon=1$;

F_0——节流装置的开孔截面积;

Δp——节流装置前后实际测得的压力差;

ρ_1——节流装置前的流体密度。

由流量基本方程式可知,当 α、ε、F_0、ρ_1 均为常数时,流量与压差的平方根成正比,即 $Q=K\sqrt{\Delta p}$。应当指出的是,要保证流量与压差的平方根关系,在具体设计时,对介质的性质和条件有所控制,这样 K 才是一个特定的常数,特别是压差还需差压变送器测量出来,所以使用差压式流量计时应注意所测流体的限制以及节流装置与差压变送器必须配套使用。

3. 差压式流量计的特点

由上述可知,差压式流量计是一个组合体,当流体经过节流元件时,在节流元件前后产生压力差,流量越大,差压信号越大。导压管将差压信号送到差压变送器中,差压变送器再把差压信号转换成 4~20mA 的标准信号远传至控制室,供显示、记录或控制用。

特点:

① 有现场流量指示,且有 4~20mA 电信号远传;

② 制造方便、可靠性高、使用寿命长;

③ 应用广泛,通过选用不同的节流元件,几乎能测量各种工况下的介质流量,特别适合中、大流量的测量。

二、标准节流装置

差压式流量计目前在化工、制药及其他工业中应用很广,应用的历史也较长久,因此,人们已经积累了丰富的实践经验和完整的实验资料。对于常用的孔板、喷嘴、文丘里管等节流装置,国内外已把它们标准化,并称为"标准节流装置"。

所谓标准节流装置是指结构形式、尺寸要求、取压方式、使用条件均有统一规定的节流装置,已标准化的节流装置有孔板、喷嘴和文丘里管。标准节流装置可以直接使用,不必用实验方法进行单独标定。

1. 孔板

下面以应用最广泛的节流装置——孔板为例介绍节流装置的应用。

(1) 孔板的结构 标准孔板是一块圆形的中间开孔的金属板,开孔边缘非常尖锐,而且与管道轴线是同心的,用于不同管道内径的标准孔板,其结构形式基本是几何相似的,如图 3-3 所示,标准孔板是旋转对称的,上游侧孔板端面的任意两点间连线应垂直于轴线。

孔板流量计

图 3-3 标准孔板

（2）孔板的使用条件

① 被测介质应充满全部管道截面连续地流动。

② 管道内的流束（流动状态）应该是稳定的。

③ 被测介质在通过孔板时应不发生相变（例如：液体不发生蒸发，溶解在液体中的气体应不会释放出来），同时是单相存在的。

④ 测量气体（蒸汽）流量时所析出的冷凝液或灰尘，或测量液体流量时所析出的气体或沉淀物，既不得聚积在管道中的孔板附近，也不得聚积在连接管内。

⑤ 在测量能引起孔板堵塞的介质流量时，必须进行定期清洗。

⑥ 在离开孔板前后两端面 $2D$ 的管道内表面上，没有任何凸出物和肉眼可见的粗糙与不平的现象。

对于标准喷嘴、标准文丘里喷嘴和标准文丘里管，这些条件均适用。

孔板因为制造工艺简单，安装方便，成本低，因此被广泛应用，但在使用时特别要注意，尤其是用于测量腐蚀性介质及含有灰尘的介质流量时，要经常观察测量结果是否准确，防止由于腐蚀和堵塞取压口而造成的测量误差过大，或根本不能测量的现象发生，每年大检修应进行孔板的清洗工作，发现腐蚀严重时应立即更换新的孔板。

2. 节流装置的选用

选用标准节流装置，应根据被测介质流量测量的条件和要求，结合各种标准节流装置的特点，从测量精度要求、允许的压力损失大小、可能给出的直管段长度、被测介质的物理化学性质（如腐蚀、脏污等）、结构的复杂程度和价格的高低、安装是否方便等几方面综合考虑。一般来说，可归纳为如下几点。

① 在加工制造和安装方面，以孔板为最简单，喷嘴次之，文丘里管最复杂。造价高低也与此相对应。实际上，在一般场合下，以采用孔板为最多。

② 当要求压力损失较小时，可采用喷嘴、文丘里管等。

③ 在测量某些易使节流装置腐蚀、沾污、磨损、变形的介质流量时，采用喷嘴较采用孔板为好。

④ 在流量值与压差值都相同的条件下，使用喷嘴有较高的测量精度，而且所需的直管长度也较短。

⑤ 如被测介质是高温、高压的，则可选用孔板和喷嘴。文丘里管只适用于低压的流体介质。

> **知识链接**
>
> 用节流装置测量流量时，静压取压点位置不同，压差值也不同。不同的取压方式，对同一个节流件，流出系数也是不同的。取压方式经常分为法兰取压、角接取压、径距取压。
>
> ① 法兰取压：上游取压口间距是从上游端面至孔板的长度为 25.4mm，下游取压口间距是下游端面至孔板的长度也为 25.4mm。
>
> ② 角接取压：分为环室取压和单独钻孔。上、下游取压点均在节流元件前后夹紧环（或环室）内壁上。环室取压适用于 DN400 以下、钻孔取压适用于 DN400 以上管径。
>
> ③ 径距取压：取压口间距是取压口中心线与孔板某一规定端面之间的距离，上游取

压口间距为管道直径 D,下游取压口间距为 $D/2$,故称为 D 和 $D/2$ 取压。

根据《自动化仪表选型设计规范》(HG/T 20507—2014) 6.2.5 条,DN50 以下,宜选用角接取压;DN50~DN300,可选用法兰取压或角接取压。在实际应用中,这个范围段的孔板居多,对于低压的介质可采用角接取压,对于高压的可采用法兰取压;DN300 以上宜采用径距取压。

三、差压式流量计的安装与使用

要使差压式流量计能够精确地实现流量测量,除了正确地选用和计算外,还必须正确地安装节流装置、导压管和差压变送器,以保证信号的正确获取、变送和指示。在安装时应注意以下事项。

① 孔板要求与管道轴线同心,并垂直于管道轴线,孔板的锐边要向着流动方向,不得装反。

② 孔板应安装在直管段部分,否则弯头、阀门等局部阻力的影响会造成测量不准,有关节流装置的前后安装直管长度,可从仪表手册或相关的资料中查得。

③ 当测量液体流量时,取压点应在水平管道下半部,如图 3-4 所示。导压管最好垂直向下,如条件不许可,导压管亦应向下倾斜一定坡度(至少 1:20~1:10),使气泡易于排出。差压变送器应安装在孔板下方,当差压变送器不得不放在节流装置上方时应在导压管最高点加装放气阀,以保证导压管内没有气体,如图 3-5 所示。

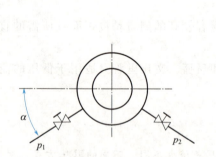

图 3-4 测量液体流量时的取压点位置

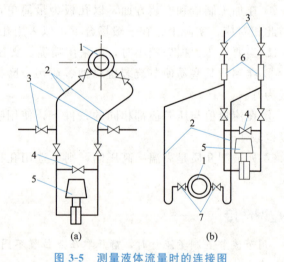

图 3-5 测量液体流量时的连接图

1—节流装置;2—导压管;3—放空阀;4—平衡阀;
5—差压变送器;6—贮气罐;7—切断阀

④ 当测量气体流量时,取压点应在管道的上半部,差压变送器应安装得高于孔板。当无法满足此要求时,必须在导压系统最低处加贮液罐和排放阀,以保证导压管内没有液体。如图 3-6 所示。

⑤ 当测量蒸汽流量时,取压点应在管道水平直径上,且须在孔板引压孔附近装冷凝罐,

蒸汽在此冷凝后充满导压管，使差压变送器与高温蒸汽隔开，如图3-7所示。

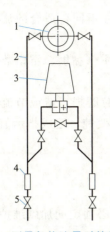

图3-6 测量气体流量时的连接图
1—节流装置；2—导压管；3—差压变送器；
4—贮液罐；5—排放阀

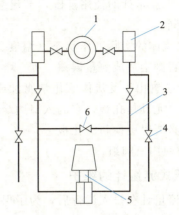

图3-7 测量蒸汽流量的连接图
1—节流装置；2—凝液罐；3—导压管；
4—排放阀；5—差压变送器；6—平衡阀

⑥ 测量腐蚀性（或易凝固等不适宜直接进入差压变送器）的介质流量时，必须采取隔离措施。可用与被测介质不互溶亦不起化学变化的中性液体作为隔离液。

⑦ 导压管接入差压变送器之前，须安装"三阀组"，如图3-8所示，以便差压变送器的回零检查及导压管路冲洗排污之用。其中接入高压侧的称正压阀，接入低压侧的称负压阀，中间的阀称平衡阀。一般三个阀做成一体，便于安装。

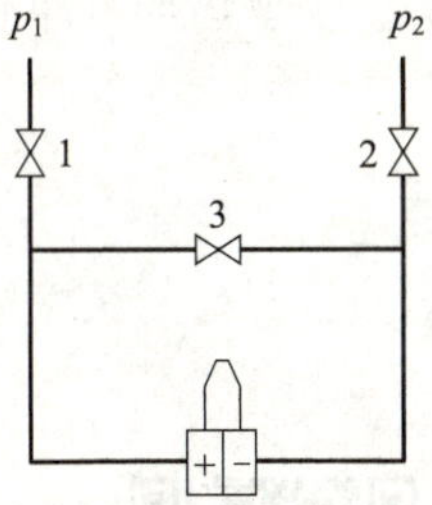

操作差压变送器的三阀组，必须注意两个原则：
a. 不能让导压管内的凝结水或隔离液流失；
b. 不能使测量元件（膜盒或波纹管）单向受压。

图3-8 三阀组
1,2—切断阀；3—平衡阀

对于带有冷凝器或隔离器的测量管路，三个阀门不可同时打开，即使时间很短也是不允许的，否则冷凝水或隔离液将流失，需重新充灌才能使用。三阀组的启动顺序是：先打开平衡阀3，使正、负压室连通，受压相同，然后再打开切断阀1、2，最后关闭平衡阀3，差压变送器即可投入运行。停运的顺序为：先打开平衡阀3，然后再关闭切断阀1、2。

当切断阀1、2关闭时，打开平衡阀3，即可进行仪表的零点校验。

四、差压式流量计的投运、维护

1. 差压式流量计的投运

仪表在接入管系前，应先打开节流装置处的两个导压阀和导压管上的冲洗阀，用管道内的测量介质冲洗导压管，以免管道内的杂质和污物进入导压管，冲洗结束后关闭冲洗阀。待导压管充满被测介质后，打开三阀组中的平衡阀，并缓慢打开正压阀，使被测介质进入仪表测定室内，同时将空气（液体）从仪表的排气（液）孔中排除，待气（液）排净后，关闭排气（液）阀，关闭平衡阀，再缓慢打开负压阀，仪表即可投入运行。

2. 差压式流量计使用时的注意事项

① 应考虑流量计的使用范围，节流装置的安装方式、尺寸不同，适合的流体的雷诺数区间也会不同。

② 被测流体的实际工作状态（温度、压力）和流体的性质（黏度、雷诺数等）应与设计时一致，否则会造成测量误差。

③ 节流装置由于受流体的化学腐蚀或被流体中的固体颗粒磨损，造成节流元件形状和尺寸的变化，尤其是孔板，它的入口边缘会由于磨损和腐蚀而变钝，造成指示值偏低。故应注意检查，必要时更换新的孔板。

④ 正确使用三阀组。

3. 差压式流量计的维护

差压式流量计在投入运行后，为了保证测量的准确可靠，必须定期加以维护，主要从以下几方面进行。

① 差压变送器安装前，必须经过计量检定，在确认符合各项技术指标的要求下，方可按照差压变送器导压管路及差压变送器的安装要求进行安装。

② 定期对差压变送器导压管路和差压变送器进行清洗，清除一切杂物。

③ 若发现仪表示值与被测值有明显差异时，应进行全面检查和调修，并重新进行计量检定。

④ 应按照计量检定规程的要求和检定周期，对差压式流量计进行定期检定。

第三节　转子流量计

转子流量计

在工业生产中经常遇到小流量的检测，差压式流量计对管径小于50mm、低雷诺数的流体的测量精度是不高的。此时可采用转子流量计来测量，流量可小到每小时几升。转子流量计有玻璃管转子流量计和金属管转子流量计两种形式，如图 3-9 所示。前者是就地指示型，后者为远传型。

图 3-9　转子流量计

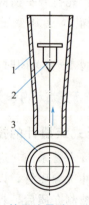

图 3-10　转子流量计工作原理图
1—锥形管；2—转子（浮子）；3—流通环隙

一、转子流量计结构和工作原理

转子流量计主要由一段截面积自下向上逐渐扩大的圆锥形管子和在锥形管内可自由上下运动的转子（浮子）构成。浮子一般用铝、铅、不锈钢、硬橡胶、玻璃、胶木、有机玻璃等材料制成，使用中可以根据流体的化学性质加以选择。

转子流量计采用的是恒压降、变节流面积的流量测量方法，其工作原理如图 3-10 所示。工作时，被测流体自下而上流过转子与锥形管之间的环隙，转子此时也是一个节流元件，根据节流原理，转子前后产生一个静压力 Δp，这个静压力对应的"冲力" $F = \Delta p \times A_d$（式中 A_d 为转子截面积），转子在这个"冲力"的作用下，向上移动。移动过程中，流体流经转子的流通面积随之增大，根据节流现象，则对应的"冲力"也就降低，当"冲力"等于转子在流体中的重量时，转子就稳定在一个新的高度上，这样转子在锥形管中平衡位置的高度与被测介质的流量大小相对应。如果在锥形管外沿高度刻上对应的流量值，那么根据转子平衡位置的高低就可以直接读出流量的大小。

转子流量计的最大特点是用于小流量测量，工业上的转子流量计的测量范围从每小时十几升到几百立方米（液体）、几千立方米（气体）。此外，转子流量计使用时还具有压损小、反应快、量程大的特点。

由于转子流量计在恒压差、变流通截面积条件下进行流量测量，被测介质不允许粘附污垢，否则将影响测量精度。此外，转子上附有气泡和转子锥形管的安装垂直程度均会带来附加的测量误差，在使用时需加以注意和避免。

二、电远传转子流量计

转子流量计中转子的高度可以通过机械结构转换成电信号（气信号），进行自动指示、记录和自动控制，这就是电远传转子流量计。

电远传转子流量计由转子流量变送器和差动式显示仪表组成。电动转子流量变送器原理如图 3-11 所示。

电远传转子流量计是用差动变压器进行流量变送的。差动变压器原理如图 3-12 所示。

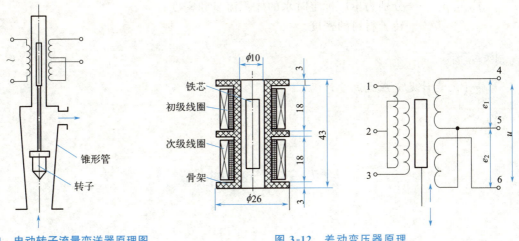

图 3-11　电动转子流量变送器原理图　　　图 3-12　差动变压器原理

差动变压器由铁芯、线圈以及骨架组成。线圈骨架分成长度相等的两段，初级线圈均匀地密绕在两段骨架的内层,并使两个线圈同相串联相接;次级线圈分别均匀地密绕在两段骨架的外层,并将两个线圈反相串联相接。

当铁芯处于差动变压器两段线圈的中间位置时,初级励磁线圈激励的磁力线穿过上、下两个次级线圈的数目相同,因而每个匝数相等的次级线圈中产生的感应电动势 e_1、e_2 相等。由于两个次级线圈反相串联,所以 e_1、e_2 相互抵消,从而输出端4、6之间的总电动势为0。

因此,电远传转子流量计的转换原理是:将转子流量计的转子与差动变压器的铁芯连接起来,使转子随流量变化的运动带动铁芯一起运动,就可以将流量的大小转换成输出感应电动势的大小。

三、转子流量计的安装与使用

1. 转子流量计的安装

转子流量计安装在振动小的地方。需垂直安装,不允许有倾斜,介质的流向由下向上,不能反向。安装时,要考虑到将来的修理和维护,所以其周围要留一定的空间;要注意管道内的工作压力是否在转子流量计的最大允许范围内,检查转子和连接部分的材质是否符合被测流体的要求;管道的重量不能加在转子流量计上;当被测流体的温度高于70℃时,应加装保护罩,以防止冷水溅在玻璃管上引起炸裂。

2. 示值修正

转子流量计是一种非标准化仪表。为了便于生产,仪表制造厂是在标准状态(20℃,一个标准大气压)下,用水(对液体)或空气(对气体)介质标定刻度的。而实际使用时被测介质的工作状态(温度、压力、介质密度)均不同,使仪表的示值和被测介质的实际流量间存在一定的差别。所以在使用时均应根据实际被测介质的密度、温度、压力参数的差异或变动,对流量的示值进行工作状态下的修正。修正时,可按被测介质(液体或气体)的密度差异修正公式进行修正。

对液体
$$\frac{q_{V1}}{q_{Vw}}=\sqrt{\frac{\rho_f-\rho_1}{\rho_f-\rho_w}\times\frac{\rho_w}{\rho_1}} \tag{3-4}$$

式中 q_{V1},ρ_1——分别为实际被测流体的体积流量和密度;
q_{Vw},ρ_w——分别为出厂标定时水的体积流量和密度;
ρ_f——转子材料的密度。

> **即学即练**
>
> 转子流量计是定压式流量计吗?

第四节 其他流量计

一、椭圆齿轮流量计

椭圆齿轮流量计又称为奥巴尔流量计,它的测量部分由壳体和两个相互啮合的椭圆形齿轮三个部分组成。流体流过仪表时，因克服阻力而在仪表的入、出口之间形成压差，在此压差的作用下推动椭圆齿轮旋转，不断地将充满在齿轮和壳体之间所形成的半月形计量室中的流体排出，由齿轮的转数表示流体的体积总量，其动作过程如图 3-13 所示。

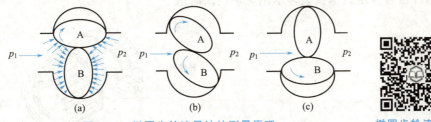

图 3-13　椭圆齿轮流量计的测量原理　　　　椭圆齿轮流量计

其工作过程简述如下：图 3-13 中 p_1 表示流量计进口流体压力；p_2 表示出口流体压力；显然压力 p_1 大于 p_2。在图 3-13(a) 中，轮 B 虽然受到流体的压差作用，但不产生旋转力矩，而轮 A 在两侧压差作用下顺时针转动，把轮 A 和壳体之间的半月形容积内的流体排至出口，并带动轮 B 逆时针运动。在这时，轮 A 为主动轮，轮 B 为从动轮。图 3-13(b) 所示为中间位置。当继续转动至图 3-13(c) 所示的位置，轮 A 所受的合力矩为零，作用在轮 B 上的合力矩使轮 B 作逆时针转动，并把已吸入的半月形容积内的介质排出出口，此时轮 B 为主动轮，轮 A 为从动轮，图 3-13(a) 中情况相反。显然，图 3-13 所示为椭圆齿轮转动了 1/4 周的情况，而且所排出的被测介质量是一个半月形容积。因此，椭圆齿轮每转一周，就排出四份半月形容积的流体。只要读出齿轮的转数，就可以计算出排出的流体总量为：

$$q_V = 4nV_0 \tag{3-5}$$

式中　n——齿轮的转数；
　　　V_0——齿轮与外壳间包围的体积。

椭圆齿轮流量计广泛用于管道中液体总量和流量的测量。适用于干净的、不含固体颗粒的、高黏度液体介质的测量。使用时，在介质的入口处要装过滤器；被测介质的流量不能过小，否则泄漏量引起的误差会更为突出；要考虑被测液体中是否夹杂气体，同时要符合椭圆齿轮流量计的温度使用范围。在安装方面，它既可以水平安装，又可以垂直安装。

二、涡街流量计

涡街流量计是典型的漩涡流量计。漩涡流量计是利用有规则的漩涡剥离现象来测量流体流量的仪表。如图 3-14，在流体中垂直插入一个非流线形的柱状物（圆柱或三角柱）作为漩涡发生体。当雷诺数达到一定的数值时，会在柱状物的下游处产生两列平行状、并且交替出现的漩涡，称为涡街，也称作"卡曼涡街"。当两列漩涡之间的距离 h 和同列的两漩涡之间的距离 L 之比能满足 $h/L=0.281$ 时，则所产生的涡街是稳定、有规律的，流速 v 越大，漩涡产生的频率 f 也越大。其关系式为：

$$f = \frac{S_f v}{d} \tag{3-6}$$

式中　f——单列漩涡产生的频率；
　　　S_f——斯特罗哈尔系数；
　　　d——柱状物直径。

由式(3-6)可知,当 S_f 近似为常数时,漩涡产生的频率 f 与流体的平均流速成正比,测得 f ,即可求得体积流量 Q 。

涡街流量计的结构如图 3-15 所示。它将测得的微弱频率信号经电子线路处理成与流速成正比的电脉冲信号并由显示仪表显示出流量的瞬时值。

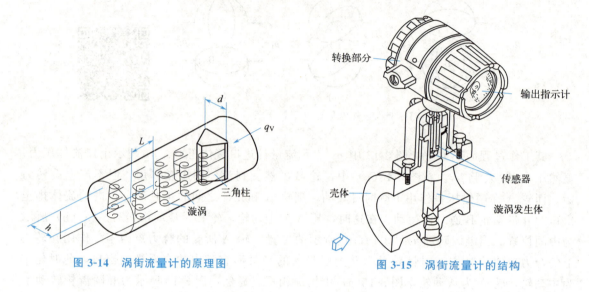

图 3-14　涡街流量计的原理图　　　　图 3-15　涡街流量计的结构

涡街流量计中漩涡的频率不受温度、压力和黏度等的影响,可适用于液体、气体和蒸汽的流量检测,尤其适合于大口径（25～2700mm）、大流量、雷诺数 $R_e > 10^4$ 流体的测量。

漩涡流量计可直接以数字量输出,与数字显示仪表配套,也可通过 D/A 转换成 0～10mA 或 4～20mA（DC）输出,以便进行测量指示、记录、积算和控制等。

三、电磁流量计

电磁流量计是基于法拉第电磁感应定律而工作的流量测量仪表。当导体在磁场中做切割磁力线运动时,就会感应产生一个方向与磁场方向和导体运动方向相垂直的感应电动势,其与磁感应强度和运动的速度成正比。电磁流量计变送部分的原理如图 3-16 所示。

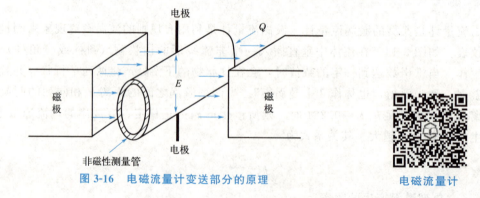

图 3-16　电磁流量计变送部分的原理

电磁流量计

电磁流量计有现场流量指示,且有 4～20mA 远传电信号。但只能用来测量导电液体的流量,且其电导率要求不小于 $20\mu S/cm$,即不小于水的电导率,如酸、碱、盐溶液以及含有固体颗粒或纤维液体的体积流量，不能测量气体、蒸汽及石油制品等的流量。安装时要远离一切磁源（例如大功率电机、变压器等），不能有振动。

电磁流量计的测量导管内无可动部件或突出于管内的部件，因而压力损失很小，可测最大管径达到 2m。在采用防腐衬里的条件下，可以用来测量各种腐蚀性液体的流量，也可以用来测量含有颗粒、悬浮物等液体的流量。此外，输出信号与流量之间的关系，不受液体的物理性质变化和流动状态的影响，对流量变化反应速度快，故可用来测量脉动流量。

四、质量流量计

在工业生产中，物料平衡、经济核算等需要的是质量流量。质量流量的测量方法其中之一是通过一定的测量装置，使它的输出直接反映出质量流量，无须通过体积流量与密度的乘积进行换算，这一方法常用的设备是科氏力（质量）流量计。

科里奥利质量流量计（简称科氏力流量计）是一种利用流体在振动管中流动时将产生与质量流量成正比的科里奥利力（简称科氏力）这一原理来直接测量质量流量的仪表。如图 3-17 所示是（U 形管）科里奥利质量流量计。振动管（测量管）是敏感器件，有 U 形、Ω 形、环形、直管形及螺旋形等几种形状，也有用双管等方式。当测量管内有流体流过时，受驱动线圈作用发生振动的测量管在科氏力的作用下发生扭曲，流量越大扭曲变形越大，且扭曲的程度与通过测量管的流体的质量流量成正比。

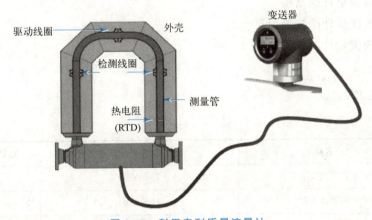

图 3-17　科里奥利质量流量计

图 3-18 所示为双管科氏力流量计，由两个平行的 U 形测量管、驱动器和传感器组成。管两端固定，中心部位装有驱动器，使管子振动。在测量管对称位置上装有传感器，在这两点测量振动管之间的相对位移。当没有流体通过或流体静止时，两个测量管做对称（方向相反）的同振幅运动。当有流体通过时，流体被平分为两部分流经测量管，因科氏力的作用，两个测量管发生扭曲，扭曲的程度（相对位移）由两个传感器测量，测量管的扭曲程度与流体流过测量管的质量流量成正比。

科氏力流量计能够直接测量质量流量，不受流体物性（密度、黏度等）的影响，测量精度高；测量值不受管道内流场影响，没有上、下游直管段长度的要求；可测各种非牛顿流体以及黏滞和含微粒的浆液。

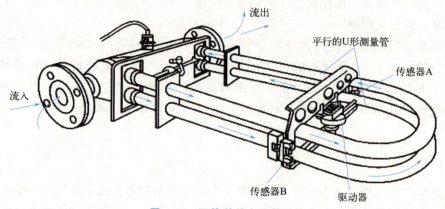

图 3-18 双管科氏力流量计

技能训练二 差压式流量计的认识及校验

一、实训目的
① 了解孔板流量计的测量原理。
② 了解孔板流量计的结构。
③ 掌握孔板流量计的校验原理。
④ 掌握孔板流量计的校验步骤。

二、实训设备
实训设备见表 3-2。

表 3-2 实训设备

序号	名称	型号	数量	备注
1	工业自动化仪表装置	THPYB-1	1	
2	伺服放大器	ZPE-3101	1	
3	智能调节仪Ⅰ	AI	1	
4	智能调节仪Ⅱ	AI	1	
5	电动操作器	DFD-1000	1	
6	离心泵	PB-HI69EA	1	
7	电容式差压变送器	输出:4~20mA	1	
8	电磁流量计	TGLDBE-15S-M2F100-1.5	1	
9	螺丝刀	十字	1	

三、实训任务及流程图
实训任务见表 3-3。实训装置图见图 3-19。

表 3-3　实训任务

任务一	孔板流量计的结构及测量原理
任务二	孔板流量计的优缺点
任务三	孔板流量计的校验原理
任务四	孔板流量计的校验步骤
任务五	完成实训报告

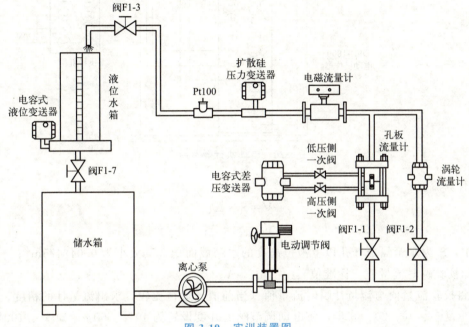

图 3-19　实训装置图

四、实训步骤

① 实验之前将储水箱中贮足水量，一般接近储水箱容积的 4/5，然后将阀 F1-2、F1-3、F1-7 全开，其余手动阀门关闭。

② 将电容式差压变送器的输出对应接至智能调节仪Ⅰ的"电压信号输入"端，（若同时观察流量值，可将电磁流量计的输出对应接至智能调节仪Ⅱ的"电压信号输入"端），将智能调节仪Ⅰ的"4～20mA 输出"端对应接至电动执行机构的控制信号输入端，电动执行器按照图 3-20 所示接线。

③ 打开控制柜电源总开关，然后给智能仪表和电动执行机构上电。

④ 智能仪表Ⅰ基本参数设置：Sn＝33、DIP＝1、dIL＝0、dIH＝100、oPL＝0、oPH＝100、CF＝0、Addr＝1；智能仪表 2 基本参数设置：Sn＝33、DIP＝0、dIL＝0、dIH＝1200、oPL＝0、oPH＝100、CF＝0、Addr＝1。

⑤ 手动控制电动调节阀开度到 20％左右，打开离心泵电源，给液位水箱供水，控制液位水箱出水阀，最终使液位稳定在 30cm 左右，注意不要低于隔板开孔的液位高度以下，观察并记录下此时稳定的液位高度 h_1 和流量计的瞬时流量值 q_V。

⑥ 将水箱的出水阀关死，同时打开秒表进行计时，在液位达到 50cm 的瞬间，关闭进水阀，然后关闭离心泵，停止计时，观察并记录此时的实际液位高度 h_2 和秒表显示的时间 t。

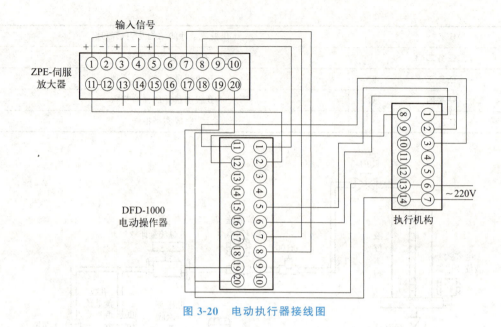

图 3-20 电动执行器接线图

⑦ 计算流量：

$$V = S \times \Delta h \tag{3-7}$$

$$\Delta h = h_2 - h_1 \tag{3-8}$$

式中，S 为水箱隔板开孔以上液位高度的水箱截面积，其大小为 $0.042475 m^2$。

可知校验瞬时流量值（标准值）： $q_V = V/t$

⑧ 将校验流量值与流量计瞬时流量值（当前值）进行比较，求出流量计的精度。

⑨ 重复⑤、⑥、⑦、⑧步，将电动调节阀的开度设置为 40%、60%、80%、100%，分别计算电磁流量计在不同流量范围内的精度等级。

五、实训作业

数据处理：

① 根据多组实验测试数据，计算出校验流量值；
② 根据校验流量值与实测流量计瞬时流量值，计算并判断流量计的精度等级。

六、问题讨论

各组总结在操作过程中遇到的问题、原因及采取的措施。

知识巩固

一、单项选择题

1. 工业上常用的流量仪表可分为速度式、体积式和（　　）。
   A. 加速度式　　　　B. 质量式　　　　C. 重量式　　　　D. 容积式
2. 下列不属于速度式流量计的是（　　）。
   A. 涡轮流量计　　　B. 电磁流量计　　　C. 靶式流量计　　　D. 椭圆齿轮流量计
3. 转子流量计中的流体流动方向是（　　）。
   A. 自上而下　　　　B. 自下而上　　　　C. 自左到右　　　　D. 自右到左

4. 在测量蒸汽流量时，在取压口处应加装（　　）。
A. 集气器　　　　　B. 冷凝器　　　　　C. 沉降器　　　　　D. 隔离器
5. 当差压式流量计三阀组正压阀堵死、负压阀畅通时，仪表示值一般情况下（　　）。
A. 偏高　　　　　　B. 偏低　　　　　　C. 跑零下　　　　　D. 跑最大
6. 电磁流量计安装地点要远离一切（　　），不能有振动。
A. 腐蚀场所　　　　B. 热源　　　　　　C. 磁源　　　　　　D. 防爆场所
7. 科里奥利流量计是一种（　　）式流量计。
A. 容积　　　　　　B. 速度　　　　　　C. 叶轮　　　　　　D. 质量

二、判断题

1. 转子流量计的锥管必须垂直安装，不可倾斜。（　　）
2. 椭圆齿轮流量计的进出口压差增大，泄漏量增大；流体介质的黏度增大，泄漏量减小。（　　）
3. 电磁流量计是不能测量气体介质流量的。（　　）
4. 电磁流量计变送器和化工管道紧固在一起，可以不必再接地线。（　　）
5. 用差压变送器测量流量时，当启动时应先关平衡阀，双手同时打开正负压阀。（　　）
6. 转子流量计是恒节流面积、变压差式流量计。（　　）

三、简答题

1. 什么叫标准节流装置？试述差压式流量计测量流量的原理；并说明哪些因素对差压式流量计的流量测量有影响。
2. 电磁流量计的工作原理是什么？它对被测介质有什么要求？

第四章　物位检测仪表

学习引导

长江三峡工程是当今世界上最大的水利枢纽工程。三峡水库是三峡工程建成后蓄水形成的人工湖泊，总面积1084km^2，正常蓄水位由初期156m达到175m蓄水位高程。在此项工程中，水位自动测报尤为重要。水位自动测报已在水文测报中普遍运用，但作为三峡工程明渠截流中有着特定条件、特殊要求的阶段性水位监测服务的水位自动测报系统，既要求功能完善、精确可靠，又要求操作简便、有统一美观的计算机操作界面，同时还要考虑其经济性。三峡工程的水位是如何检测的呢？

本章将着重讨论各类物位检测仪表的基本结构和原理，并运用这些仪表进行各类介质的物位测量。

学习目标

(1) 知识目标　了解物位检测仪表的分类及其特性；掌握差压式液位计的结构、原理与应用；掌握其他物位计的原理和特点；熟悉物位仪表的识读与选用。

(2) 能力目标　能根据测量要求选用合适的物位检测仪表；能正确安装、使用差压式液位计；能正确识读物位仪表；学会查阅资料。

(3) 素质目标　培养一丝不苟、精益求精的工匠精神和务实的工作态度。

物位统指设备和容器中液体或固体物料的表面位置。物位包括液位、界位、料位。液位是指开口容器或密封容器中液体介质的储存高度；界位是指两种密度不同、互不相容液体介质的分界面位置；料位指仓库、堆场等储存固体粉状或颗粒物的堆积高度或表面位置。测量液位、界位或料位的仪表称为物位检测仪表又称物位计，可分为液位计、界位计和料位计。在石油、化工生产中一般以液位测量为主。

第一节　概述

一、物位检测的意义

物位检测的目的在于正确地测知容器或设备中储存物质的容量或质量，这不仅是物料消耗或产量计量的参数，也是保证连续生产和设备安全的重要参数。例如合成氨生产中铜洗塔塔底的液位高低，对于安全操作来说是一个非常重要的因素。当液位过高时，精炼气就有带液的危险，会导致合成塔催化剂中毒而影响生产；反之，如果液位过低时，会失去液封作用，使高压气冲入再生系统，造成严重事故。

一般测量物位有两个目的：一是利用物位仪表来计量，对物位检测的绝对值要求测得非常准确，借以确定容器或储存库中的原料、辅料、半成品或成品的数量，以保证生产过程中各个环节得到预先计划分配的定量物质；二是正确反映某一特定水准面上的物料相对变化，用以连续控制生产工艺过程。

二、物位检测仪表的主要类型

测量物位的仪表种类很多，按工作原理的不同，物位检测仪表主要有下列几种类型，如表 4-1 所示。

表 4-1　各种物位检测仪表的特性

类型		测量范围/m	主要应用场合	工作原理	主要特点
直读式	玻璃管液位计	<2	主要用于直接指示密闭及开口容器中的液位	连通器原理	结构简单、价格低廉，玻璃易损，读数不大明显，就地指示
	玻璃板液位计	<6.5			
浮力式	浮球式液位计	<10	用于开口或承压容器液位的连续测量	浮子的高度或浮筒的浮力随液面高度而变化的原理	结构简单、价格低廉
	浮筒式液位计	<6	用于液位和相界面的连续测量，在高温、高压条件下的工业生产过程的液位、界位测量和限位越位报警联锁		就地指示，也可远传输出 4~20mA（DC）标准信号
	磁翻板液位计	0.2~15	适用于各种贮罐的液位指示报警，特别适用于危险介质的液位测量和限位越位报警联锁		显示醒目的现场指示，也可远传输出 4~20mA（DC）标准信号
	浮磁子液位计	0.05~60	用于常压、承压容器内液位、界位的测量，特别适用于大型贮槽、球罐腐蚀性介质的测量和限位越位报警联锁		
静压式	压力式液位计	0.4~200	可测较黏稠，有气雾、露等液体	静力学原理，液面的高度与容器底部压力成正比	主要用于开口容器
	差压式液位计	20	应用于各种液体的液位测量		开口和闭口容器均能测量，应注意零点迁移，应用广泛
电磁式	电导式物位计	<20	适用于一切导电液体（如水、污水、果酱、啤酒等）液位测量	根据导电性液面达到某个电极位置发出信号的原理	简单，阶跃测量，精度不高，用于要求不高的场合
	电容式物位计	10	用于各种贮槽、容器液位，粉状料位的连续测量及控制报警	由液体的容器形成的电容，其值随液位高度变化而变化	传感部分结构简单、使用方便。可测液位和料位及低温介质物位，精度高，线路复杂，成本高。不适合测高黏度液体

续表

	类型	测量范围/m	主要应用场合	工作原理	主要特点
其他形式	超声波物位计	液体10~34 固体5~60	被测介质可以是腐蚀性液体或粉状的固体物料,非接触测量	利用声波在介质中传播的某些声学特性进行测量	非接触测量,准确性高,惯性小,可测范围较广;声速受介质温度、压力影响,电路复杂,成本高,使用维护不便,测量结果受温度影响
	辐射式物位计	0~2	适用于各种料仓内、容器内高温、高压、强腐蚀、剧毒的固态、液态介质的料位、液位的非接触式连续测量	液体吸收放射性物质后射线能量与液位高度有一定的关系	非接触测量,精度不受介质性质及温度、压力的影响,可测范围广;成本高,射线对人体有害
	微波式物位计	0~35	适于罐体和反应器内具有高温、高压、湍动、惰性、气体覆盖层及尘雾或蒸汽的液体、浆状、糊状或块状固体的物位测量;适于各种恶劣工况和易爆、危险的场合	采用微波技术,基于时间行程原理进行测量	安装于容器外壁,测量结果不受温度、压力和介质腐蚀性等恶劣条件的影响
	雷达式液位计	2~20	应用于工业生产过程中各种敞口或承压容器的液位控制和测量		
	激光式物位计		不透明的液体粉末的非接触测量	测定出光经往返测线所需的时间,从而确定从激光雷达到被测物之间的距离	测量不受高温、真空压力和蒸汽等影响

第二节　差压式液位计

一、工作原理

差压式液位计(即差压式液位变送器,以下简称差压计),是利用容器内的液位改变时,由液柱产生的静压也相应变化的原理而工作的,如图4-1所示。

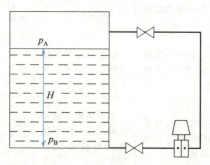

图4-1　差压式液位计原理

差压式液位计

当差压计的一端接液相,另一端接气相时,根据流体静力学原理,可知
$$p_B = p_A + H\rho g \tag{4-1}$$
由此可得
$$\Delta p = p_B - p_A = H\rho g \tag{4-2}$$
式中 p_A, p_B——分别是气相压力和液相 B 处的压力;
　　　Δp——差压式液位变送器正、负压室的压差;
　　　H——液位高度;
　　　ρ——介质密度;
　　　g——重力加速度。

通常,被测介质的密度是已知的。因此,差压计得到的压差与液位高度 H 成正比。这样就把测量液位高度的问题转换为测量压差的问题。当用差压式液位计来测量液位时,若被测容器是敞口的,气相压力为大气压,则差压计的负压室通大气就可以了,这时也可以用压力计来直接测量液位的高低。若容器是密闭容器,则需将差压计的负压室与容器的气相相连接,以平衡气相压力的静压作用。

二、零点迁移

所谓零点迁移,就是为克服在安装过程中,由于变送器取压口与容器取压口不在同一水平线或采用隔离措施后产生的零点偏移而采取的一种技术措施。零点迁移分为三种情况:无迁移、负迁移、正迁移。

1. 无迁移

如图 4-1 所示,差压式液位变送器(以下简称差压变送器)的正压室取压口正好与容器的最低液面处于同一水平位置。作用在差压变送器的压力差 Δp 与液位高度 H 之间关系 $\Delta p = H\rho g$。

这就属于一般的"无迁移"情况。当 $H=0$ 时,作用在正、负压室的压力是相等的。假定采用的是 DDZ-Ⅲ 型差压变送器,其输出范围为 4~20mA 的电流信号。在无迁移时,$H=0$,$\Delta p=0$,这时变送器的输出 $I_0=4\text{mA}$;$H=H_{max}$,$\Delta p=\Delta p_{max}$,这时变送器的输出 $I_0=20\text{mA}$。

在实际应用中,常常由于差压变送器安装位置等原因,在被测液位 H 为零时,输入压差不为零,导致对应的差压变送器的输出不为 4mA;而当 H 在最高液位时,对应的差压变送器的输出也不为 20mA。为了确保被测液位和变送器输出间的对应关系,进而通过显示仪表如实地反映液位高度,则必须对差压变送器做出一些技术处理,即进行零点迁移。所谓零点迁移,就是当 $H=0$ 时,把差压变送器的输出零点所对应的输入压差由零迁移到某一不为零的数值。

2. 负迁移

在生产中有时为防止贮槽内液体和气体进入变送器的取压室而造成管线堵塞或腐蚀,以及保持负压室的液柱高度恒定,在变送器正、负压室与取压点间分别装有隔离罐,并充以隔离液。如图 4-2(a) 所示。若被测介质密度为 ρ_1,隔离液密度为 ρ_2(通常 $\rho_2 > \rho_1$),这时正、负压室的压力分别为

负迁移

$$p_1 = h_1\rho_2 g + H\rho_1 g + p_0$$
$$p_2 = h_2\rho_2 g + p_0$$

变送器正、负压室间的压差为

$$\Delta p = p_1 - p_2 = H\rho_1 g - (h_2 - h_1)\rho_2 g \tag{4-3}$$

式中 h_1——正压室隔离罐液位到变送器的高度；

h_2——负压室隔离罐液位到变送器的高度。

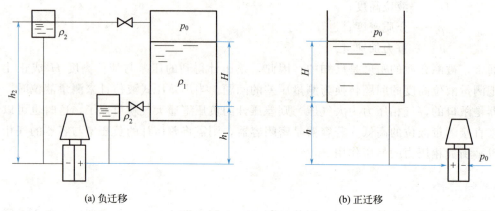

图 4-2 正、负迁移示意图

将式(4-3)与式(4-2)相比较，压差减少了 $(h_2-h_1)\rho_2 g$ 一项，也就是说，当 $H=0$ 时，$\Delta p = -(h_2-h_1)\rho_2 g$，对比无迁移情况，相当于在负压室多了一项压力，其固定数值为 $(h_2-h_1)\rho_2 g$。由于固定压差的存在，当 $H=0$ 时，变送器的输入小于0，其输出必定小于 4mA；当 $H=H_{max}$ 时，变送器的输入小于 Δp_{max}，其输出必定小于 20mA。为了使仪表的输出能正确反映出液位的数值，亦即使液位的零值与满量程值能与变送器的输出上、下值相对应，必须设法抵消固定压差 $(h_2-h_1)\rho_2 g$ 的作用，使得当 $H=0$ 时，变送器的输出仍然回到 4mA；而当 $H=H_{max}$ 时，变送器的输出能为 20mA，这就是负迁移。

3. 正迁移

由于工作条件的不同，有时会出现正迁移的情况，如图 4-2(b) 所示。由于变送器的安装位置比容器低 h，如果 $p_2=0$，经过分析可以知道，当 $H=0$ 时，正压室多了一项附加压力 $h\rho g$，或者说，$H=0$ 时，$\Delta p = h\rho g$，称为正迁移。

正迁移

零点迁移同时改变了测量范围的上、下限，相当于测量范围的平移，它不改变量程的大小。

三、用法兰式差压变送器测量液位

为了解决测量具有腐蚀性或含有结晶颗粒以及黏度大、易凝固等液体液位时引压管线被腐蚀被堵的问题，应使用在导压管入口处加隔离膜盒的法兰式差压变送器，如图 4-3 所示。作为敏感元件的测量头 1（金属膜盒），经引压管 3 与变送器 2 的测量室相通。在膜盒、引压管和测量室所组成的封闭系统内充有硅油，作为传压介质，并使被测介质不进入引压管与变送器，以免堵塞或腐蚀。法兰式差压变送器的测量部分及气动转换部分的动作原理与差压变送器相同。

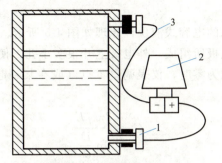

图 4-3　法兰式差压变送器测量液位示意图

1—法兰式测量头；2—变送器；3—引压管

法兰式差压变送器按其结构形式分为单法兰式及双法兰式，法兰的构造又分为平法兰和插入式法兰两种。

第三节　其他物位计

物位检测仪表的类型很多，下面再简单介绍几种物位计。

一、电容式物位计

电容式物位计由电容液位传感器和测量电路组成。被测介质的物位通过电容传感器转换成相应的电容量，利用测量电路测得电容的变化量，即可间接求出被测介质物位的变化。电容式物位计适用于导电或非导电液位及物料的料位测量，也可以测量界面。

1. 测量原理

在平行板电容器之间，充以不同介质时，电容量的大小也有所不同。因此，可通过测量电容量的变化来检测液位、料位和两种不同液体的分界面。

图 4-4 是由两同轴圆柱极板 1、2 组成的电容器，在两圆筒间充以介电系数为 ε 的介质时，则两圆筒间的电容量表达式为

$$C = \frac{2\pi\varepsilon L}{\ln\dfrac{D}{d}} \quad (4\text{-}4)$$

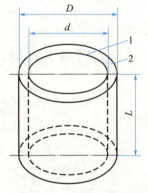

图 4-4　电容器的组成

1—内电极；2—外电极

式中　L——两极板相互遮盖部分的长度；

d，D——分别为圆筒形内电极的外径和外电极的内径；

ε——中间介质的介电系数。

所以，当 D 和 d 一定时，电容量 C 的大小与极板的长度 L 和介质的介电系数 ε 的乘积成比例。这样，将电容传感器（探头）插入被测物料中，电极浸入物料中的深度随物位高低变化，必然引起其电容量的变化，从而可检测出物位。

2. 液位的检测

对非导电介质液位测量的电容式液位计原理如图 4-5 所示。它由内电极和一个与它相绝缘的同轴金属套筒做的外电极所组成，外电极上开很多小孔，使介质能流进电极之间，内外电极用绝缘套绝缘。当液位为零时，仪表调整零点（或在某一起始液位调零也可以），其零点的电容为

$$C_0 = \frac{2\pi\varepsilon_0 L}{\ln\dfrac{D}{d}} \tag{4-5}$$

式中 ε_0——空气介电系数；

D，d——分别为外电极内径及内电极外径。

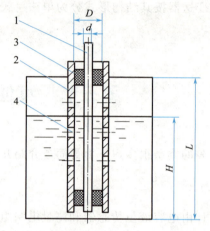

图 4-5 非导电介质的液位测量
1—内电极；2—外电极；3—绝缘套；4—流通小孔

电容式液位计

当液位上升为 H 时，电容量变为

$$C = \frac{2\pi\varepsilon H}{\ln\dfrac{D}{d}} + \frac{2\pi\varepsilon_0(L-H)}{\ln\dfrac{D}{d}} \tag{4-6}$$

电容量的变化为

$$C_x = C - C_0 = \frac{2\pi(\varepsilon - \varepsilon_0)H}{\ln\dfrac{D}{d}} = K_i H \tag{4-7}$$

因此，电容量的变化 C_x 与液位高度 H 成正比。

3. 料位的检测

用电容法可以测量固体块状、颗粒体及粉料的料位。

由于固体间摩擦较大，容易"滞留"，所以一般不用双电极式电极。可用电极棒及容器壁组成电容器的两极来测量非导电固体料位。

图 4-6 所示为用金属电极棒插入容器来测量料位，它的电容量变化与料位升降的关系为

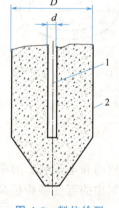

图 4-6 料位检测
1—金属棒内电极；2—容器壁

$$C_x = \frac{2\pi(\varepsilon-\varepsilon_0)H}{\ln\dfrac{D}{d}} \tag{4-8}$$

式中 D，d——分别为容器的内径和电极的外径；

ε，ε_0——分别为物料和空气的介电系数。

电容式物位计的传感部分结构简单、使用方便。但由于电容变化量不大，要精确测量，就需借助于较复杂的电子线路（有交流电桥法、充放电法、谐振电路法等）才能实现。此外，还应注意介质浓度、温度变化时，其介电系数也要发生变化这一情况，以便及时调整仪表，达到预想的测量目的。

> **即学即练**
>
> 电容式物位计的工作原理是什么？

二、核辐射物位计

放射性射线的透射强度随着通过介质层厚度的增加而减弱。入射强度为 I_0 的放射源，随介质厚度而呈指数规律衰减，即

$$I = I_0 e^{-\mu H} \tag{4-9}$$

式中 μ——介质对放射线的吸收系数；

H——介质层的厚度；

I——穿过介质后的射线强度。

不同介质吸收射线的能力是不一样的，一般说来，固体吸收能力最强，液体次之，气体则最弱。当放射源已经选定，被测的介质不变时，则 I_0 与 μ 都是常数，根据式(4-9)，只要测定通过介质后的射线强度 I，介质的厚度 H 就知道了。

图 4-7 是核辐射物位计的原理示意图。辐射源射出强度为 I_0 的射线，接收器用来检测透过介质后的射线强度，再配以显示仪表就可以指示物位的高低了。

核辐射能够透过如钢板等各种固体物质，因而能够完全不接触被测物质，适用于高温、高压容器、强腐蚀、剧毒、有爆炸性、黏滞性、易结晶或沸腾状态的介质的物位测量，还可以测量高温熔融金属的液位。由于核辐射线特性不受温度、湿度、压力、电磁场等影响，所以可在烟雾、尘埃、强光及强电磁场等环境下工作。

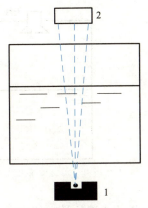

图 4-7　核辐射物位计原理示意图
1—辐射源；2—接收器

三、雷达式液位计

雷达式液位计的基本原理如图 4-8 所示。雷达波由天线发出，抵达液面后被反射，被同一天线所接收。雷达波由天线发出到接收到由液面来的反射波的时间 t 由下式确定

$$t = \frac{2H_0}{c} \tag{4-10}$$

式中 t——雷达波由发射到接收的时间差；

H_0——天线到被测介质液面间的距离；

c——电磁波传播速度，300000km/s。

由于
$$H = L - H_0$$

故
$$H = L - \frac{c}{2}t \tag{4-11}$$

式中 H——液面高度；

L——天线距罐底高度。

由式(4-11)可以看出，只要测得时间 t，就可以计算出液位的高度 H。

由于电磁波的传播速度很快，故要精确地测量雷达波的往返时间是比较困难的，目前雷达探测器对时间的测量有微波脉冲法及连续波调频法两种方式，图4-9是微波脉冲法的原理示意图。脉冲发生器生成一系列脉冲信号，由发送器送至天线发出，到达液面并由液面反射后由接收器接收。计时器收到由脉冲发生器和信号接收器来的脉冲信号后，要直接计算它们的时间差往往达不到所要求的精确程度。微波脉冲法通常采用合成脉冲波的方法，即先对发射波和反射波进行合成，得到合成脉冲雷达波，然后通过测量发射波和反射波的频率差，来间接计算脉冲波的往返时间 t，这样就可以计算出被测的液位高度 H。

图4-8 雷达式液位计示意图

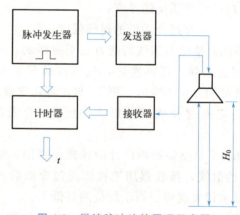

图4-9 微波脉冲法的原理示意图

雷达式液位计在使用时，若被测介质的相对介电常数比较小，会在液面处产生反射和折射，因而液面有效的反射信号强度被衰减，严重时会导致雷达式液位计无法正常工作。为避免上述情况的发生，当被测介质的相对介电常数低于产品所要求的最小值时，应该使用导波管，用来提高反射回波的能量，以确保测量的准确度。同时，导波管还可以消除由于容器的形状而导致多重回波所产生的干扰影响。因此，在测量浮顶罐和球罐的液位时，一般要使用导波管。

雷达式液位计在传输过程中受火焰、灰尘、烟雾及强光的影响极小，因此可以用来连续测量腐蚀性液体、高黏度液体和有毒液体的液位。它没有可动部件、不接触介质、没有测量盲区，而且测量精度几乎不受被测介质的温度、压力、相对介电常数的影响，在易燃易爆等恶劣工况下仍能应用。

四、称重式液罐计量仪

在石油、化工部门，有许多大型贮罐，由于高度与直径都很大，液位变化 1~2mm，就会有几百千克到几吨的差别，所以液位的测量要求很精密。同时，液体（例如油品）的密度会随温度发生较大的变化，而大型容器由于体积很大，各处温度很不均匀，因此即使液位（即体积）测得很准，也反映不了罐中真实的质量储量有多少。利用称重式液罐计量仪（实质上为差压式测量液位），就能基本上解决上述问题。

称重式液罐计量仪（即称重仪）是根据天平原理设计的，其原理如图 4-10 所示。罐顶压力与罐底压力分别引至下波纹管与上波纹管。两波纹管的有效面积相等，差压引入两波纹管，产生总的作用力，作用于杠杆系统，使杠杆失去平衡，于是，通过发讯器、控制器、接通电机线路，使可逆电机旋转，并通过丝杠带动砝码移动，直至由砝码作用于杠杆的力矩与测量力作用于杠杆的力矩平衡时，电机才停止转动。下面推导在杠杆系统平衡时砝码离支点的距离 L_2 与液罐中总的质量储量之间的关系。

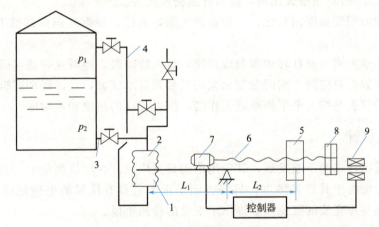

图 4-10 称重式液罐计量仪

1—下波纹管；2—上波纹管；3—液相引压管；4—气相引压管；
5—砝码；6—丝杠；7—可逆电机；8—编码盘；9—发讯器

杠杆平衡时，有

$$(p_2 - p_1)A_1 L_1 = MgL_2 \tag{4-12}$$

式中 M——砝码质量；

g——重力加速度；

L_1, L_2——杠杆臂长（见图 4-10）；

A_1——波纹管有效面积。

由于

$$p_2 - p_1 = H\rho g \tag{4-13}$$

代入式(4-12)，就有

$$L_2 = \frac{A_1 L_1}{M} \rho H = K\rho H \tag{4-14}$$

式中 ρ——被测介质密度；

K——仪表常数；

H——液位高度。

如果液罐是均匀截面，其截面积为A，于是液罐内总的液体储量M_0为

$$M_0 = \rho H A \tag{4-15}$$

即

$$\rho H = \frac{M_0}{A} \tag{4-16}$$

将式(4-16)代入式(4-14)，得

$$L_2 = \frac{K M_0}{A} \tag{4-17}$$

因此，砝码离支点的距离L_2与液罐单位面积储量成正比。如果液罐截面积A为常数，则可得

$$L_2 = K_i M_0 \tag{4-18}$$

式中

$$K_i = \frac{K}{A} = \frac{A_1 L_1}{A M} \tag{4-19}$$

由此可见，L_2与总储量成比例，而与介质密度无关。

如果贮罐截面积随高度而变化，一般是预先制好表格，根据砝码位移量L_2就可查得储存液体的质量。

由于砝码移动距离与丝杠转动圈数成正比，丝杠转动时，经减速带动编码盘转动，因此编码盘与砝码位置是对应的，编码盘发出编码讯号到显示仪表，经译码和逻辑运算后用数字显示出来。由于仪表是按天平平衡原理工作的，所以有高的精度和灵敏度。

五、光纤式液位计

随着光纤传感技术的不断发展，其应用范围日益广泛。在液位测量中，光纤传感技术的有效应用，一方面缘于其高灵敏度，另一方面是由于它具有优异的电磁绝缘性能和防爆性能，从而为易燃易爆介质的液位测量提供了安全的检测手段。

1. 全反射型光纤液位计

全反射型光纤液位计由液位敏感元件、传输光信号的光纤、光源和光检测元件等组成。图4-11所示为全反射型光纤液位传感器的结构原理图。棱镜作为液位的敏感元件，被烧结或粘接在两根大芯径石英光纤的端部。这两根光纤中的一根光纤与光源耦合，称为发射光纤；另一根光纤与光电元件耦合，称为接收光纤。棱镜的角度设计必须满足以下条件：当棱镜位于气体（如空气）中时，由光源经发射光纤传到棱镜与气体界面上的光线满足全反射条件，即入射光线被全部反射到接收光纤上，并经接收光纤传送到光电检测单元中。

工作原理：当棱镜位于液体中时，由于液体的折射率比空气大，入射光线在棱镜中的全反射条件被破坏，其中的一部分光线将透过界面而泄漏到液体中去，致使光电检测单元接收到的光强减弱。这样的信号变化相当于一个开关量变化，只要棱镜一

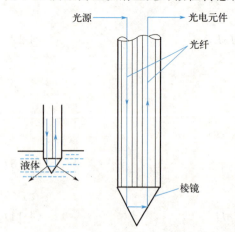

图4-11 全反射型光纤液位传感器结构原理

侧为液体，传感器的输出光强马上变弱。因此，根据传感器的光强信号即可判断液位的高度。即只要检测出单根光纤的端面分别裸露在空气中时和淹没在液体中时的输出光功率差值，便可确定光纤是否接触液面。

适用于液位的测量与报警，也可用于不同折射率介质（如水和油）的分界面的测定。另外，根据溶液折射率随浓度变化的性质，还可以用来测量溶液的浓度和液体中小气泡含量等。

由于这种传感器还具有绝缘性能好、抗电磁干扰和耐腐蚀等优点，故可用于易燃易爆或具有腐蚀性介质的测量。

2. 浮沉式光纤液位计

浮沉式光纤液位计是一种复合型液位测量仪表，它由普通的浮沉式液位传感器和光信号检测系统组成，主要包括机械转换部分、光纤光路部分和电子电路部分，其工作原理及检测系统如图4-12所示。

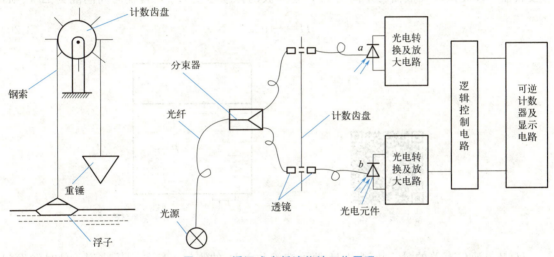

图4-12 浮沉式光纤液位计工作原理

(1) 机械转换部分 由浮子、重锤、钢索及计数齿盘组成，其作用是将浮子随液位上下变动的位移转换成计数齿盘的转动齿数。通常，总是将这种对应关系设计成液位变化一个单位（如1cm或1m）高度时，齿盘转过一个齿。

(2) 光纤光路部分 由光源（激光器或发光二极管）、等强度分束器、两组光纤光路和两个相应的光电元件（光电二极管）等组成。两组光纤分别安装在齿盘上下两边，每当齿盘转过一个齿，上下光纤光路就被切断一次，各自产生一个相应的光脉冲信号。由于对两组光纤的相对位置做了特别的安排，从而使得两组光纤光路产生的光脉冲信号在时间上有一很小的相位差。通常，先接收到的脉冲信号用作可逆计数器的加、减指令信号，而另一光纤光路的脉冲信号用作计数信号。

(3) 电子电路部分 该部分由光电转换及放大电路、逻辑控制电路、可逆计数器及显示电路等组成。光电转换及放大电路主要是将光脉冲信号转换为电脉冲信号，再对信号加以放大。逻辑控制电路的功能是对两路脉冲信号进行判别，将先输入的一路脉冲信号转换成相应的"高电位"或"低电位"，并输出送至可逆计数器的加减法控制端，同时将另一路脉冲信号转换成计数器的计数脉冲。每当可逆计数器加1（或减1），显示电路则显示液位升高（或降低）1个单位（1cm或1m）高度。

浮沉式光纤液位计可用于液位的连续测量,而且能做到液体储存现场无电源、无电信号传送,因而特别适用于易燃易爆介质的液位测量,属本质安全型测量仪表。

六、超声波式物位仪表

超声波在穿过两种不同介质的分界面时会产生反射和折射,对于声阻抗差别较大的界面,几乎为全反射。从发射超声波至接收反射回来的信号的时间间隔与分界面位置有关,超声波式物位仪表正是利用超声波的这一特点进行物位测量的。

超声波发射器和接收器既可以安装在容器底部,也可以安装在容器的顶部,发射的超声波在相界面被反射,并由接收器接收,测出超声波从发射到接收的时间间隔,就可以测量物位的高低。

图 4-13 为单探头超声波液位计,它使用一个由电路控制的换能器,分时交替作发射器与接收器。设超声波到液面的距离为 H,超声波的传播速度为 v,传播时间间隔为 Δt,则

$$H = \frac{1}{2} v \Delta t \tag{4-20}$$

超声波液位计

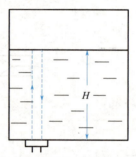

图 4-13 单探头超声波液位计

H 是与液位有关的量,故测出 H 便可知液位,H 的测量一般是用接收到的信号触发门电路对振荡器的脉冲进行计数来实现的。通过测量超声波传播时间来确定物位,声速 v 必须恒定。实际上声速随介质及其温度变化而变化,为了准确地测量物位,对于一定的介质,必须对声速进行校正。

超声波液位计测量液位时与介质不接触,无可动部件,传播速度比较稳定,对光线、介质黏度、湿度、介电常数、电导率和热导率等不敏感,因此可以测量有毒、腐蚀性或高黏等特殊场合的液位。

知识链接

高频雷达水位计(SCSW08-PU)是 26G、高频脉冲雷达水位计,实现连续精确的水位(液位)监测,尤其是非接触式测量最理想的水位监测仪器。高频雷达水位计具有安装维护方便、高可靠性、非接触测量、兼容性高等显著优点。

适用场合:适用于江河水库,冶金、化工等环境水位监测。

优点:非接触测量无磨损,无污染;一体化结构,天线尺寸小,安装便利;波长更短,对倾斜固体表面有更好效果;高精度非接触式测量抗干扰能力强。

技能训练三　液位变送器的认识与校验

一、实训目的
① 掌握液位变送器结构及原理。
② 掌握液位变送器的调校方法。
③ 能够具备计算精度的能力。

二、实训设备
实训设备见表 4-2。

表 4-2　实训设备

序号	名称	型号	数量	备注
1	工业自动化仪表装置	THPYB-1	1	
2	伺服放大器	ZPE-3101	1	
3	智能调节仪Ⅰ	AI	1	
4	电动操作器	DFD-1000	1	
5	数字万用表	HD9205E/9208E	1	
6	电容式液位变送器	FB0802AE30G	1	
7	离心泵	PB-HI69EA	1	
8	螺丝刀	一字	1	
9	活口扳子	15in	1	

注：1in＝0.0254m。

三、实训任务及实训装置图
实训任务见表 4-3。

表 4-3　实训任务

任务一	液位变送器的结构原理
任务二	液位变送器零点调校方法
任务三	液位变送器满量程调校方法
任务四	液位变送器上、下行程校验
任务五	误差计算和精度计算
任务六	填写校验记录单

实训装置图见图 3-19。

四、实训步骤
1. 步骤
① 实验之前先将储水箱中贮足水量，一般接近储水箱容积的 4/5，将阀 F1-1、F1-3 全开，其余手动阀门关闭。
② 将电容式液位变送器的输出对应接至智能调节仪Ⅰ的"电压信号输入"端，将智能

调节仪Ⅰ的"4~20mA输出"端对应接至电动执行机构的控制信号输入端;电动执行器按照图4-14接线。

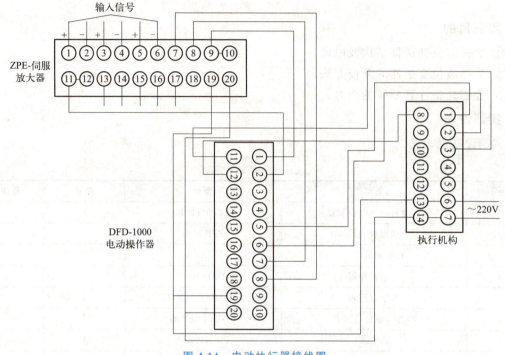

图 4-14 电动执行器接线图

③ 打开控制柜的单相空气开关,然后给智能仪表和电动执行机构上电。

④ 智能仪表Ⅰ参数设置:Sn=33、DIP=1、dIL=0、dIH=50、oPL=0、oPH=100、CF=0、Addr=1。

⑤ 手动控制智能调节仪Ⅰ的输出到100%,打开离心泵电源,给水箱供水,待液位上升到一定高度后,关闭离心泵,将压力变送器端的导压管接头拧下,排尽空气后带水拧上,注意不要用扳手拧得太紧。

⑥ 打开阀F1-7给液位水箱放水,控制液位水箱液位在0cm时关闭阀F1-7,才可对零点进行校验。

⑦ 零点校验:对液位水箱中液位读数时,要平视水位的凹液面,读出读数并做好记录(此时液位在第⑥步已控制在0cm了),此参数作为压力变送器的零点校验值,将电容式液位变送器左边旋盖打开,调节电路板中的零点电位器,最终使仪表显示数值等于液位读数值0cm。

⑧ 满量程校验:关闭阀F1-7,打开离心泵电源,给水箱供水,待液位达到稍高于50cm的位置时,关闭离心泵电源,调节阀F1-7最终控制水箱液位在50cm,读出读数并做好记录。调整电路板中的增益电位器使仪表显示值等于水箱液位值50cm,用万用表毫安挡位与电容式液位变送器串联,变送器输出信号为20mA。

⑨ 上、下行程校验。零点和满量程调整准确后,打开阀F1-7,把水箱放空后,关闭阀F1-7。上行程校验:打开阀F1-3,开启离心泵,依次取水箱满量程水位的0%、25%、

50%、75%、100%五个点观测,记录变送器输出数据。下行程校验:将水箱水放空后,启动离心泵,打开阀 F1-3,一次性将水注入 50cm(注意不得超过此数值后再放水),依次取水箱满量程的 100%、75%、50%、25%、0%五个点观测,记录变送器输出数据。将上、下行程输出信号值与标准信号 4mA、8mA、12mA、16mA、20mA 对比计算,若在同一观测点输出信号数值的误差和变差较大,则重复⑦、⑧两步,再进行上、下行程校验。

⑩ 根据液位值与变送器输出信号实测值的对应关系,做误差计算和精度等级计算。

2. 注意事项

① 55cm 水箱周围有 3 台变送器,请正确选择电容式液位变送器。
② 打开变送器后盖,不要生搬硬拧,选择正确的接线柱连接电路。
③ 液位每到达一个校验点,要平视液面。
④ 校验单填写应规范、清晰,严格尊重事实,数据真实可信,不得篡改。

五、实训作业

① 数据处理:根据多组实验测试数据,与压力变送器实测数据进行比较,计算并判断压力变送器的精度等级是否为标定的精度等级。
② 完成实训报告。

六、问题讨论

各组总结在操作过程中遇到的问题、原因及采取的措施。

知识巩固

一、单项选择题

1. 用差压法测量容器液位时,液位的高低取决于( )。
   A. 容器上下两点的压力差和容器截面   B. 压力差、容器截面和介质密度
   C. 压力差、介质密度和取压点位置   D. 容器截面和介质密度
2. 差压式液位计进行负向迁移后,其量程( )。
   A. 变大   B. 变小   C. 不变   D. 视迁移大小而定
3. 以下哪项不是法兰式差压变送器测液位的优点?( )
   A. 可测量腐蚀性介质   B. 可测量含有结晶颗粒介质
   C. 可测量易凝固介质   D. 可测量任何液体介质的液位
4. 用双法兰差压变送器构成的液位计测量容器内的液位,液位计的零点和量程均已校对好,后因维护需要,仪表的安装位置上移一段距离,则液位( )。
   A. 零点上升,量程不变   B. 零点下降,量程不变
   C. 零点不变,量程增大   D. 零点和量程都不变
5. 用差压变送器测量液位,仪表在使用过程中上移一段距离,量程大小( )。
   A. 变大   B. 变小   C. 不变   D. 无关

二、判断题

1. 零点迁移分为两种情况:正迁移和负迁移。( )
2. 超声波液位计适用于强腐蚀性、高压、有毒、高黏性液体的测量。( )

3. 差压式液位计进行负向迁移后，其量程不变。（　　）
4. 超声波物位计属于非接触式测量仪表。（　　）
5. 超声波物位计适用于强腐蚀性、高黏度、有毒介质和低温介质的物位和界面的测量。（　　）
6. 称重仪是根据天平原理设计的。（　　）
7. 全反射型光纤液位计由液位敏感元件、传输光信号的光纤、光源组成。（　　）

三、简答题

1. 超声波液位计适用于什么场合？
2. 试述电容式物位计的工作原理。

第五章 温度检测仪表

学习引导

体温检测是发现潜在新型冠状病毒感染者的有效手段,也是疫情期间医疗机构进行预检分诊中常用的重要方法。不同的测温仪表,如玻璃体温计、电子体温计、红外测温仪等,因测量精度、原理、使用方法的不同在各自的应用场所为疫情防控做出了重要贡献。例如,红外测温产品被广泛应用到客流量较大的车站、地铁站、办公楼等多种场所,玻璃体温计被用于医院就诊时体温的精确测定等。

本章将着重讨论各类温度检测仪表的基本结构和原理,并运用这些仪表进行温度测量。

学习目标

(1) 知识目标 掌握热电偶、热电阻的测温原理、结构;常用热电偶、热电阻的种类;热电偶冷端温度补偿的意义及方法。熟悉热电偶的使用与安装、温度检测仪表的分类及各自特点。了解新型的测温技术。

(2) 能力目标 能根据测量要求选用合适的温度检测仪表;能正确安装、使用测温仪表,能判断测温系统的一般故障并进行排除。

(3) 素质目标 培养实事求是的科学精神、爱岗敬业的奉献精神、精益求精的工匠精神。

第一节 概述

一、温度测量基础

温度是表示物体冷热程度的物理量,温度不能直接测量,只能借助于冷热不同的物体之间的热交换,以及物体的某些物理性质随冷热不同而变化的特性间接测量。

国内最常用的温标有两种:①摄氏温度 t,单位℃;②热力学温度 T(绝对温度),单位 K。二者之间的换算关系为

$$T = 273.15 + t \text{ 或 } t = T - 273.15 \tag{5-1}$$

根据测温方式不同,温度检测仪表可以分为接触式和非接触式两类。

接触式测温是使感温元件直接与被测介质接触,两者之间进行热交换,当两者达到热平衡时,感温元件的某一物理量(如液体的体积等)与被测温度成一定关系,通过测量这一物

理量的大小就可得出被测温度的数值。日常生活中常用的水银温度计，就是通过体温的变化，使体温计中的水银柱膨胀或收缩，从而指示出体温的高低。非接触式测温是感温元件不与被测介质直接接触，而是通过其他一些原理（如辐射原理和光学原理等），来测出被测介质（或物体）的温度数值。

二、温度检测仪表的类型

各种温度检测仪表的分类及其主要特点列于表 5-1 中。

表 5-1　温度检测仪表的分类及特点

形式	测温原理		温度计名称	使用范围/℃	主要特点
接触式	热膨胀	① 利用两种膨胀系数不同的金属受热或冷却时所产生的膨胀差	双金属温度计	−200～+600	结构简单、价格低廉，一般只用作就地测量
		② 利用密闭容器中气体、饱和蒸气压力或流体体积随温度的变化	压力式温度计 玻璃温度计	−30～+600	结构简单，可作近距离传示；精度低，滞后较大
	热电阻	利用导体或半导体的电阻随温度变化的特性	铜电阻温度计 铂电阻温度计 热敏电阻温度计	−50～+150 −200～+850 −40～+150	准确度高，能远距离传送，适用于低、中温测量
	热电势	利用两种不同材料相接触而产生的热电势随温差变化的特性	铜-康铜热电偶温度计 镍铬-康铜热电偶温度计 镍铬-镍硅热电偶温度计 铂铑$_{10}$-铂热电偶温度计 铂铑$_{30}$-铂铑$_6$热电偶温度计	−200～+400 −50～+800 −50～+1000 +300～+1300 +300～+1600	测温范围广，能远距离传送，适于中、高温测量；需冷端温度补偿，在低温段测量准确度较低
非接触式	热辐射	根据被测对象所发射的辐射能量，测定被测对象的表面温度	光学高温计 辐射高温计 比色温度计	+800～+2000 +20～+2000 +50～+2000	适用于不能直接测温的场合，测温范围广，多用于高温测量；测量准确度受环境条件影响，需对测量值修正后才能获得真实度

第二节　热电偶温度计

热电偶温度计是以热电效应为基础，将温度变化转换为热电动势变化进行温度测量的仪表，是目前应用最为广泛的温度传感器之一。它测温范围广（−200～1600℃），性能稳定，测量精度较高，可信号远传。

一、热电偶测温原理

热电偶的测温原理基于 1821 年塞贝克（Seebeek）发现的热电现象。将两种不同的导体或半导体连接成如图 5-1 所示的闭合回路,如果两个接点的温度不同($t>t_0$),则在回路内会产生热电动势,这种现象称为塞贝克热电效应。图 5-1 中的闭合回路称之为热电偶。导体 A 和 B 称为热电偶的电热丝或热偶丝。整个回路中产生的热电动势可以用下式表示:

$$E_{AB}(t,t_0)=e_{AB}(t)-e_{AB}(t_0) \tag{5-2}$$

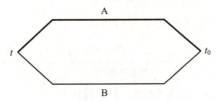

图 5-1　热电偶测温原理

在式(5-2)中,$e_{AB}(t)$ 和 $e_{AB}(t_0)$ 分别代表两端点的接触热电动势,$E_{AB}(t,t_0)$ 等于热电偶两节点接触热电动势的代数和。接触热电动势产生的原因:两种不同的金属互相接触时,由于两种金属中自由电子密度的不同,在其接触端面上会产生电子扩散运动。自由电子从电子密度大的金属扩散到电子密度小的金属,从而在交界面上产生静电场,当系统达到平衡时静电场的电动势即接触热电动势。接触热电动势仅和两金属的材料和接触点的温度有关,温度越高,接触热电动势也越高。当材料 A 和 B 确定后,如果一端温度 t_0 保持不变,即 $e_{AB}(t_0)$ 为常数,则 $E_{AB}(t,t_0)$ 就成为另一端温度 t 的单值函数了,而与热电偶的长度及直径无关。这样,如果另一端温度 t 就是被测温度,那么只要测出热电动势的大小,就能判断测温点温度的值,这就是利用热电现象来测温的原理。

热电偶温度计测温系统如图 5-2 所示,由热电偶、毫伏测量仪表以及连接导线所组成。热电偶的两个接点中,置于温度为 t 的被测对象中的接点称为测量端,又称工作端或热端;温度为参考温度 t_0 的另一端称之为参考端、自由端或冷端。热电偶是感温元件,其作用是将温度的测量转化为毫伏电动势值,经连接导线送到毫伏测量仪表中,毫伏测量仪表能测出电动势的大小,并且按电动势与温度之间的对应关系显示出被测温度。

由以上分析可知,热电偶的热电动势与温度之间有一一对应关系,人们把这种关系呈现出来的表格称为热电偶的分度表,附录二至附录四列出几种常见热电偶的分度表,每一分度表中的热电偶的代号称为分度号,如铂铑$_{10}$-铂热电偶分度号为 S。

热电偶一般是在自由端为 0℃ 时进行分度的,即为在 $t_0=0$℃ 时测得的热电势值,因此若冷端温度不为 0℃,不能直接用分度表查得温度与热电动势之间的关系。若冷端温度为 t_0,则可用下式进行换算:

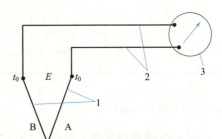

图 5-2　热电偶温度计测温系统示意图
1—热电偶;2—导线;3—测量仪表

$$E_{AB}(t,t_0)=E_{AB}(t,0)-E_{AB}(t_0,0) \tag{5-3}$$

热电偶若要实现温度的测量,必须将回路打开引入导线,连接热电偶与测量电动势的仪表,这对热电偶回路中电动势与温度的关系有无影响呢?通过推理证明,只要保证第三种导体的接入点两端点温度相同,则回路中热电动势与温度之间的函数关系不会发生变化。

二、工业常用热电偶的种类

国际电工委员会（IEC）对性能较好的、常用的 8 种热电偶制定了统一标准，并用专用字母表示，这个字母称为分度号，是各类型热电偶的一种缩写形式。热电偶名称由热电极材料命名，一般正极写在前面，负极写在后面。

表 5-2 为几种常用标准热电偶及其主要特点。

表 5-2 常用标准热电偶及特点

热电偶名称	分度号	$E(100,0)$ /mV	测温范围/℃ 长期使用	测温范围/℃ 短期使用	使用特点
铂铑$_{30}$-铂铑$_6$	B	0.033	300~1600	1800	测量上限高，稳定性好，在冷端温度低于 100℃时不用考虑温度补偿问题
铂铑$_{13}$-铂	R	0.647	0~1300	1600	与 S 型热电偶的综合性能相当，但稳定性和复现性优于 S 型，热电势比 S 型大 15%，主要用于进口设备的附带测温装置
铂铑$_{10}$-铂	S	0.645	-20~1300	1600	热电特性稳定，测量精度高，可作为基准热电偶，一般用于进行精密测量
镍铬-镍硅	K	4.096	-50~1000	1300	热电势大、灵敏度高、线性好、性能稳定、价格较便宜，广泛用于高温测量
镍铬硅-镍硅	N	2.774	-200~1200	1300	在相同条件下，特别是 1100~1300℃高温条件下，高温稳定性和使用寿命较 K 型有成倍提高，价格远低于 S 型热电偶，而性能相近
镍铬-铜镍	E	6.319	-40~800	900	准确度较高，灵敏度是所有标准热电偶中最高的，稳定性好，价格便宜，广泛用于低温测量
铁-铜镍	J	4.279	-40~700	750	价格便宜，耐 H_2 和 CO_2 气体腐蚀，在含碳或铁的条件下使用也很稳定，可用于真空、氧化、还原和惰性气氛中，适用于化工生产过程的稳定测量
铜-铜镍	T	5.269	-400~300	350	热电势较大、灵敏度高、中低温稳定性好，耐磨蚀、价格便宜，广泛用于中低温测量

三、热电偶的结构形式

（1）普通型热电偶 由热电极、绝缘子、保护套管和接线盒组成，图 5-3 为普通型热电偶的结构图。热电极是组成热电偶的两根热偶丝，用于产生热电势，正负极的常见材料见表 5-2。绝缘套管又称绝缘子，用于防止两根热电极短路，其材料通常是耐高温陶瓷。保护套管可避免热电极受到化学侵蚀和机械损伤，确保热电极的使用寿命和测温的准确性。接线盒的作用是连接热电偶和补偿导线，一般由铝合金制成，并分为普通型和密封型。

（2）铠装热电偶 是由热电极、绝缘材料和金属套管三者组合加工而成的坚实组合体，如图 5-4 所示。其最大的特点是直径 ϕ 可小于 0.25mm，铠装热电偶外径小，能弯曲，具有反应速度快、安装使用方便、耐振动和冲击、耐腐蚀、寿命长等优点，特别适用于温度变化频繁、热容量较小及复杂结构设备的测温场合。

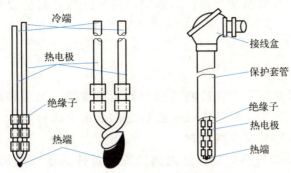

图 5-3 普通型热电偶的结构

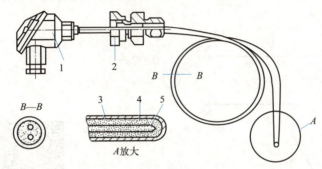

图 5-4 铠装热电偶的结构

1—接线盒；2—固定装置；3—金属套管；4—绝缘材料；5—热电极

(3) 表面型热电偶 表面型热电偶是利用真空镀膜法将两个热电极材料蒸镀在绝缘基体上的薄膜型热电偶。表面型热电偶的探头可做成各种形状，如圆柱形（图 5-5）、弓形、指针形（图 5-6）等，专用于测量各种形状的固体介质表面温度，以及测量液体、气体和橡胶内部的温度，具有响应速度快、使用范围广、不受物体表面形状限制、外形轻巧、携带方便等优点。

图 5-5 圆柱形表面热电偶

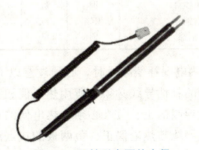

图 5-6 双针形表面热电偶

四、热电偶的冷端温度补偿

工业上常用热电偶的温度-热电势关系数据（分度表）是在冷端温度保持 0℃ 的情况下得到的，与之配套的显示仪表也是根据这一关系进行刻度的。所以，在实际测温时，若无法保证冷端温度始终为 0℃，则测得的结果必然有误差。要使被测温度能真实地反映在仪表上,就必须考虑冷端温度对测量的影响,在实际测量时应设法使冷端温度保持在0℃或进行一定的修正,以消除冷端温度不为0℃所造成的测量误差,这就是热电偶的冷端温度补偿。

1. 补偿导线

在进行冷端温度补偿前,首先应将冷端引到远离现场、温度相对恒定的地方。最简单的方法就是将热电极延长,但热电极一般都是由贵重金属材料制成的,这样做会增加仪表的成本。所以通常用补偿导线延伸,在0~100℃范围内,某些材料同热电极材料的热电特性很接近,可以取代热电极将热电偶的冷端延伸到远离热源、温度稳定的地方,这种材料的导线称为补偿导线,也叫延长导线。热电偶与补偿导线的连接如图5-7所示。因为热电偶有极性,所以补偿导线也有极性,使用时不可接错,各种常用热电偶的补偿导线见表5-3所示。

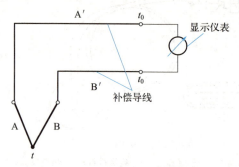

图5-7 热电偶与补偿导线的连接示意图

补偿导线

表5-3 常用热电偶的补偿导线

热电偶名称	补偿导线				工作端为100℃,冷端为0℃时的标准热电势/mV
	正极		负极		
	材料	颜色	材料	颜色	
铂铑$_{10}$-铂	铜	红	铜镍	绿	0.645±0.037
镍铬-镍硅	铜	红	铜镍	蓝	4.095±0.105
镍铬-铜镍	镍铬	红	铜镍	棕	6.317±0.170
铜-铜镍	铜	红	铜镍	白	4.277±0.047

在使用热电偶补偿导线时,必须注意以下问题。

① 选用的补偿导线必须与所用热电偶相匹配。
② 补偿导线的正、负极必须与热电偶的正、负极各端对应相接。
③ 补偿导线与热电偶正、负两极的接点温度应保持相等,且不超过100℃。

2. 冷端温度补偿的方法

使用补偿导线后,冷端温度相对稳定,但仍不为0℃。需要进行冷端温度补偿,补偿的方法主要有以下四种。

(1) 冰浴法 实验室为保持冷端恒定为0℃,常用冰浴法。将冷端经补偿导线延伸后放入盛有变压器油的试管中,由铜导线引出,试管再放入冰水混合物的保温容器中,使之保持0℃,如图5-8所示。这种方法在实际生产中不适用,多用于实验室。

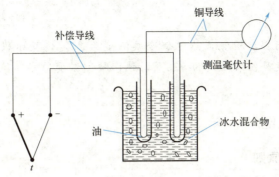

图 5-8　热电偶冷端温度保持 0℃ 的方法

(2) 冷端校正法　实际测量中，热电偶工作端温度为 t，冷端温度为 t_0，对应的热电势为 $E(t,t_0)$，应将 $E(t,t_0)$ 对应的值换算成实际温度下的热电势 $E(t,0)$ 才能得到正确的温度，可按下式换算：

$$E(t,0)=E(t,t_0)+E(t_0,0) \tag{5-4}$$

计算出 $E(t,0)$ 后，再查分度表得出被测温度。这种方法适用于实验室或临时测温，在连续测量中不适用。

(3) 校正仪表零点法　一般仪表在未工作时，指针指在零位上。在冷端温度比较稳定的条件下，为了使测量时仪表指示值不偏低，可先将仪表指针调整到冷端温度对应的示值刻度上。此法比较简单，通常用于测量要求不太高的场合。

(4) 补偿电桥法　补偿电桥法是利用不平衡电桥产生的不平衡电势，作为补偿热电偶因冷端温度变化引起的热电势变化值，从而达到等效地使冷端恒定的一种自动补偿方法。如图 5-9 所示，不平衡电桥由电阻 R_1、R_2、R_3（锰铜丝绕制，比较稳定）、R_t（铜丝绕制）为四个桥臂和桥路稳压电源组成，它串联在热电偶回路中。热电偶的冷端与桥路电阻 R_t 具有相同的温度。补偿电桥通常取 20℃ 时处于平衡（$R_1=R_2=R_3=R_t^{20℃}=1\Omega$），此时桥路输出电势 U_{ab} 为 0，对测量仪表读数无影响。当周围环境温度高于 20℃ 时，热电偶因冷端温度升高而使热电势减少了 $E(t_n,20)$，电桥则由于 R_t 的增加而输出一个不平衡电势 U_{ab}，设计上刚好使 $E(t_n,20)=U_{ab}$，那么，电桥输出的这个不平衡电势 U_{ab} 就正好补偿了由于冷端温度升高而引起的热电偶电势的变化值，仪表显示出正确的被测温度。

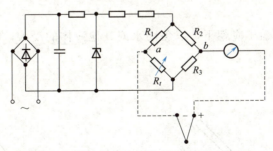

图 5-9　具有补偿电桥的热电偶测温线路

由于电桥是在 20℃ 时平衡的，所以采用这种补偿方法是仍需要把仪表的机械零点预先调整到 20℃；如果设计是 0℃ 平衡，则仪表零点应调整到 0℃ 处。

> **即学即练**
>
> 用 S 型热电偶进行温度检测，热电偶冷端温度为 25℃，显示仪表温度读数（假设此显示仪表不带冷端温度补偿装置）为 935℃，请问被测温度的实际值应为多少？

五、热电偶的安装与使用

1. 热电偶的安装原则

安装热电偶时，应遵循下列原则：

① 热电偶应与被测介质形成逆流，亦即安装时热电偶应迎着被测介质的流向插入。至少亦须与被测介质成正交。如图 5-10 所示。

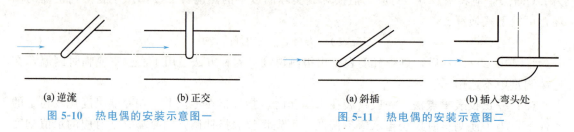

(a) 逆流　　　　　　(b) 正交　　　　　　　　(a) 斜插　　　　　　(b) 插入弯头处

图 5-10　热电偶的安装示意图一　　　　图 5-11　热电偶的安装示意图二

② 热电偶工作端应处于管道中流速最大的地方，热电偶保护管的末端应超过管道中心线约 5～10mm。

③ 热电偶要有足够的插入深度。实践证明，在最大的允许插入深度条件下，随着插入深度的增加，测温误差减小，将测温元件斜插或沿管道轴线方向安装便可达到要求，如图 5-11 所示。

④ 管道直径过小，如直径小于 80mm，往往因插入深度不够而引起测量误差。安装热电偶时应接扩大管，如图 5-12 所示。

⑤ 含大量粉尘气体的温度测量。由于气体内含大量粉尘，对保护管的磨损严重，因此可采用端部切开的保护管，或采用铠装热电偶。采用铠装热电偶，不仅响应快，而且寿命长。

⑥ 热电偶安装在负压管道中，必须保证其密封性，以防外界冷空气吸入，使测量值偏低。

⑦ 热电偶接线盒的盖子应朝下，以免雨水或其他液体的浸入，影响测量的准确性，如图 5-13 所示。

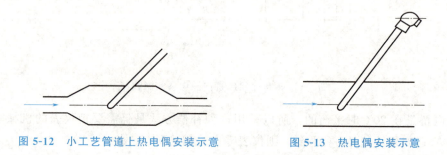

图 5-12　小工艺管道上热电偶安装示意　　　图 5-13　热电偶安装示意

2. 热电偶的使用注意事项

① 为减小测量误差，热电偶应与被测对象充分接触，使两者处于相同温度。

② 保护套管应有足够的机械强度，并可承受被测介质腐蚀，保护套管的外径越粗，耐热、耐蚀性越好，但热惰性也越大。

③ 当保护套管表面附着灰尘等物质时，热阻增加，使指示温度低于真实温度而产生误差。

④ 如在最高使用温度下长期工作，热电偶材质将发生变化而引起误差。

⑤ 因测量线路绝缘电阻下降而引起的误差，设法提高绝缘电阻，或将热电偶的外壳做接地处理。

⑥ 冷端温度的补偿与修正。热电偶冷端最好应保持0℃，而在现场条件下使用的仪表则难以实现，必须采用补偿方法准确修正。

⑦ 电磁感应的影响。热电偶的信号传输线，在布线时应尽量避开强电区（如大功率的电机、变压器等），更不能与电力线近距离平行敷设。如果实在避不开，也要采取屏蔽措施。

第三节　热电阻温度计

对于500℃以上的较高温度，热电偶是比较理想的，但是对于中低温的测量，因其输出热电势较小以及低温下较难实现冷端温度的全补偿，故有一定的局限性。因此，工业上在测量中低温时通常采用热电阻温度计，其测量范围为－200～500℃，可信号远传，且灵敏度高。

一、热电阻的测温原理

热电阻的测温原理是基于导体（或半导体）材料的电阻值随着温度的变化而变化的特性。对于线性变化的热电阻来说它们之间的关系为：

$$R_t = R_0[1 + \alpha(t - t_0)] \tag{5-5}$$

式中　R_t——温度为 t 时的电阻值；

　　　R_0——温度为 t_0 时的电阻值；

　　　α——电阻温度系数。

可见，由于温度的变化，导致了金属导体电阻的变化。这样，只要设法测出电阻值的变化，便可达到温度测量的目的。

二、常用热电阻

热电阻丝的材料一般应具有下列特性：电阻温度系数和电阻率要大；热容量小；在整个测温范围内，应具有稳定的物理和化学性质；要容易加工，有良好的复现性；电阻值随温度的变化关系最好呈线性；价格要便宜等。

目前，应用最广泛的热电阻材料是铂和铜。与此相对应，工业上定型生产的热电阻有铂电阻和铜电阻。

1. 铂电阻

铂电阻的特点是精度高,稳定性好,性能可靠等。在 0~650℃ 的温度范围内,铂电阻与温度的关系为

$$R_t = R_0(1 + At + Bt^2 + Ct^3) \tag{5-6}$$

由实验求得

$$A = 3.950 \times 10^{-3} ℃^{-1}, \quad B = -5.850 \times 10^{-7} ℃^{-1}, \quad C = -4.22 \times 10^{-22} ℃^{-1}$$

工业上常用的铂电阻有两种,一种是 $R_0 = 10Ω$,对应分度号为 Pt10;另一种是 $R_0 = 100Ω$,对应分度号为 Pt100,分度表见附录五。

2. 铜电阻

金属铜易加工提纯,价格便宜;它的电阻温度系数很大,且电阻与温度呈线性关系;在测温范围为 -50~+150℃ 内,具有很好的稳定性。

在 -50~+150℃ 的范围内,铜电阻与温度的关系是线性的。即

$$R_t = R_0[1 + \alpha(t - t_0)] \quad \alpha = 4.25 \times 10^{-3} ℃^{-1} \tag{5-7}$$

工业上常用的铜电阻有两种,一种是 $R_0 = 50Ω$,对应的分度号为 Cu50,分度表见附录六;另一种是 $R_0 = 100Ω$,对应的分度号为 Cu100,分度表见附录七。由于铜的电阻率较小,要达到一定的电阻值一般体积较大,且机械强度较低。

三、常用热电阻的结构

1. 普通型热电阻

普通型热电阻的基本结构如图 5-14 所示。它的外形与热电偶相似,主要由电阻体、绝缘子、保护套管和接线盒等部件组成。

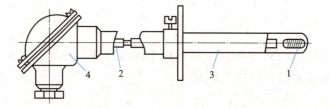

图 5-14 普通型热电阻结构图

热电阻的结构

1—电阻体;2—绝缘子;3—保护套管;4—接线盒

在热电阻与显示仪表的实际连接中,由于连接导线长度较长,若仅使两根导线连接在热电阻的两端,导线本身的电阻与热电阻串联在一起,会造成测量误差。在工业应用时,为了避免或减少导线电阻对测量的影响,常常采用三线制、四线制的连接方式,三线制连接如图 5-15 所示。

2. 铠装热电阻

铠装热电阻的结构及特点与铠装热电偶相似。它是由电阻体、引线、绝缘粉末及保护套管整体拉制而成,在其工作端底部,装有小型热电阻体。铠

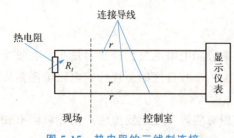

图 5-15 热电阻的三线制连接

装热电阻同普通热电阻相比具有如下优点：外形尺寸小，套管内为实体，响应速度快；抗振、可挠，使用方便，适于安装在结构复杂的部位。

第四节　其他温度检测仪表

一、双金属温度计

双金属温度计

双金属温度计是一种测量中低温（-80~600℃）的就地指示仪表。双金属温度计属于固体膨胀式温度计，其感温原件是用两片热膨胀系数不同的金属片叠焊在一起而制成的。当双金属片受热后，由于两金属片的膨胀长度不同而产生弯曲，如图 5-16 所示。温度越高，产生的膨胀长度差越大，引起弯曲的角度就越大。

工业常用的双金属温度计如图 5-17 所示，双金属片制成螺旋形，一端固定，一端（自由端）连接在指针轴上，外部加一金属套管。当温度变化时，螺旋形的自由端旋转，并带动固定在指针轴上的指针转动，进而指示出温度的值。双金属温度计结构简单、工作可靠、价格便宜、耐冲击、耐振动，适用于工业上要求测量精度不高的测温场合，也可用于控制和报警。

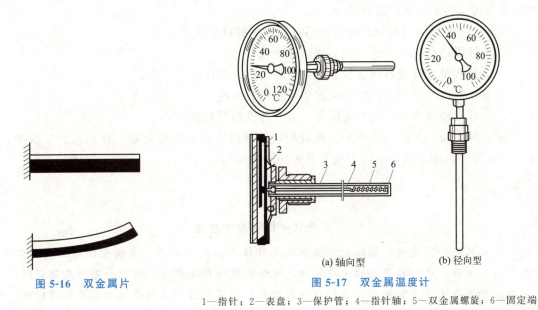

图 5-16　双金属片　　图 5-17　双金属温度计
(a) 轴向型　(b) 径向型
1—指针；2—表盘；3—保护管；4—指针轴；5—双金属螺旋；6—固定端

二、红外测温仪

在自然界中，一切温度高于绝对零度的物体都在不停地向周围空间发出红外线，红外线能量的大小与它的表面温度有着密切的关系。因此，通过对物体自身辐射的红外线能量的测量，便能准确地测定它的表面温度，这就是红外测温仪的理论基础。

红外测温仪是一种非接触式温度检测仪表，如图 5-18 所示。其通常由光学系统、红外探测器、信号放大及处理系统、显示输出等部分组成。它的具体测温流程为：被测物体辐射出的红外线通过光学系统送到红外探测器上，探测器将热辐射转换为电信号，电信号再经过处理就可以转换为温度进行输出了。

红外测温仪结构小巧、测量方便灵活、测温范围广（0～3500℃），特别适合于高温测量。

三、光纤温度传感器

图 5-18　红外测温仪

光纤温度传感器以光波为载体，将温度信号转换成光信号的变化，当温度发生变化时，光信号对应的光学性质如强度、相位、波长、偏振态等发生变化，再经过解调器解调后获得温度的值。

按被测信号转换机理的不同，光纤温度传感器可分为两类：

(1) 传感型光纤温度传感器　利用光导纤维本身具有的物理参数随温度变化的特性检测温度，光纤本身为敏感元件，其温度灵敏度较高；但由于光纤对温度以外的干扰如振动、应力等的敏感性，使其工作的稳定性和精度受到影响。

(2) 传光型光纤温度传感器　光导纤维仅起传输光波的作用，必须在光纤端面加装其他温度敏感元件才能构成传输型传感器。这一类传感器虽然温度灵敏度较低，但在技术上易于实现，且结构简单、抗干扰能力强，在工业生产中常用的荧光式光纤温度传感器、热辐射型光纤温度传感器等都属于这种类型。

光纤温度传感器与传统的温度传感器相比具有以下优点：

① 光波不产生电磁干扰，也不受电磁干扰；

② 易被各种光探测器件接收，可方便地进行光电或电光转换；

③ 易与高度发展的现代电子装置和计算机相匹配；

④ 光纤工作频率宽，动态范围大，是一种低损耗传输线；

⑤ 光纤本身不带电，体积小、重量轻，易弯曲，抗辐射性能好，特别适合于易燃、易爆、空间受严格限制及强电磁干扰等恶劣环境中使用。

> **知识链接**
>
> **荧光式光纤温度传感器**
>
> 荧光式光纤温度传感器的光纤探头由光纤接头、光纤光缆、末端感温端三部分组成。光纤接头是与光电转换模块的连接部分；光纤光缆为传光部分，内部一般为石英光纤，石英光纤外部有涂覆层和包层，最外部为聚四氟乙烯保护套；末端感温端含有感温材料，用于产生含有温度信息的光信号，如图 5-19 所示；测温系统如图 5-20 所示。感温材料（荧光物质）在受到一定波长的光激励后，受激辐射出荧光能量。激励撤销后，荧光余辉的持续性取决于荧光物质特性、环境温度等因素。这种受激发荧光通常是按指数方式衰减的，衰减的时间常数为荧光寿命或荧光余辉时间。在不同的环境温度下，荧光余辉衰减也不同。通过测量荧光余辉时间的长短，就可以准确测得探头所处的环境温度。

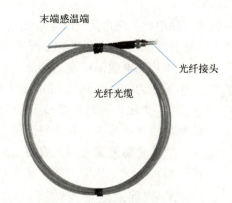

图 5-19　荧光式光纤温度传感器的光纤探头

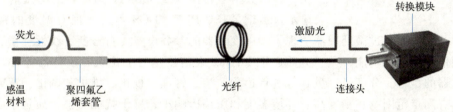

图 5-20　荧光式光纤测温系统

荧光式光纤温度传感器具有电绝缘性好、抗电磁干扰、抗化学腐蚀、无污染等许多其他测温传感探头所无法比拟的优点,使得其在生物、医学、电力等诸多领域有着广泛的应用前景。

四、温度变送器

为了进行温度的显示或控制,通常需要将温度敏感元件(热电偶、热电阻等)测得的温度信号转换成显示仪表或控制仪表能够识别的统一标准信号,这种实现信号转换的装置称为温度变送器。根据工作的不同,温度变送器可分为电动温度变送器、一体化温度变送器、智能式温度变送器。

1. 电动温度变送器

DDZ-Ⅲ温度变送器在工业生产过程中应用非常广泛,又分为热电偶温度变送器和热电阻温度变送器,可分别与各种热电偶和热电阻配合使用,将温度信号转换成 4~20mA(DC) 的统一标准信号输出,并能实现冷端温度补偿、零点调整、信号线性化等功能,其原理框图如图 5-21 所示。

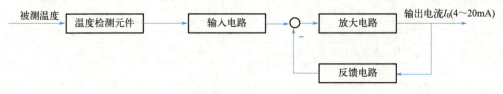

图 5-21　DDZ-Ⅲ温度变送器原理框图

2. 一体化温度变送器

一体化温度变送器由测温探头（热电偶或热电阻）和温度变送模块组成，温度变送模块直接安装在接线盒内，从而形成一体化温度变送器，如图 5-22 所示。一体化温度变送器一般分为一体化热电偶温度变送器和一体化热电阻温度变送器。其工作原理为：热电偶（阻）在工作状态下所测得的热电势（电阻）变化，经过温度变送器转换为 4～20mA（DC）电信号传给显示仪表，显示仪表将所对应的温度值显示出来。

一体化温度变送器具有测量精度高、长期稳定性好、传输距离远、抗干扰能力强等优点。

3. 智能式温度变送器

智能式温度变送器可以与各种热电偶或热电阻配合使用，并将其信号转换为 4～20mA（DC）的电流信号传输给显示仪、记录仪、PLC、DCS 等，实现对温度的精确测量和控制。其一方面通过微处理器实现了温度变送器的参数设置、自诊断、线性补偿、自适应校正、通信等智能化功能；另一方面运用 HART 通信技术与上位机、手持器等进行通信从而对变送器的型号、分度号、量程等进行远程监控、管理、校正、维护和调试。智能式温度变送器具有测量范围宽、精度高、环境温度和震荡影响小、抗干扰能力强、质量小以及安装维护方便等优点。

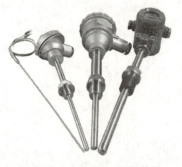

图 5-22　一体化温度变送器

技能训练四　温度检测仪表的认知与使用

一、实训目的

① 掌握温度检测仪表的类型。
② 熟悉各种测温仪表的适用范围。
③ 掌握常用温度检测仪表的基本原理。

二、实训设备

实训设备见表 5-4。

表 5-4　实训设备

序号	名称	型号	数量	备注
1	工业自动化仪表装置	THPYB-1	1	
2	伺服放大器	ZPE-3101	1	
3	智能调节仪Ⅰ	AI	1	
4	数字万用表	HD9205E/9208E	1	
5	PT100 铂电阻温度传感器	－100～600	1	
6	Cu50 铜电阻温度传感器	－50～500	1	
7	电动操作器	DFD-1000	1	
8	离心泵	PB-HI69EA	1	

续表

序号	名称	型号	数量	备注
9	全隔离单向交流调压模块	DTY-220D10P	1	
10	螺丝刀	十字	1	
11	螺丝刀	一字	1	
12	导线	3号	若干	

三、实训任务及实训装置图

实训任务见表5-5。

表 5-5 实训任务

任务一	正确连接仪表控制柜中的信号线
任务二	智能仪表的参数设置
任务三	复合加热水箱内胆加水
任务四	复合加热水箱的加热及测量
任务五	精度计算

实训装置图见图5-23。

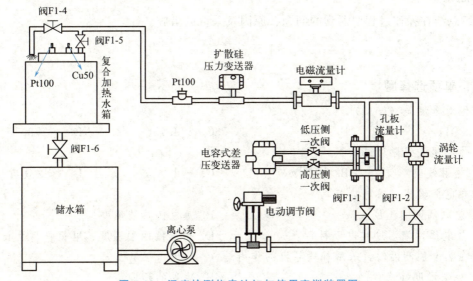

图 5-23 温度检测仪表认知与使用实训装置图

四、实训步骤

1. 步骤

① 参照实训装置图5-23所示，找到对应的设备。实验之前先将储水箱中贮足水量，一般接近储水箱容积的4/5，将阀F1-1、F1-5打开，其余手动阀门关闭。

② 将仪表控制箱中"复合加热水箱水温Cu50"的输出对应接至智能调节仪Ⅰ的"Pt100/Cu50输入"端，将智能调节仪Ⅰ的"4～20mA输出"端对应接至调压模块的"信号输入"端，"调压输出"接至执行元件的"电加热丝"输入端。

③打开单相空气开关，然后给智能仪表和电动执行器上电。

④智能仪表Ⅰ参数设置：Sn=20、DIP=1、oPL=0、oPH=100、CF=0、Addr=1。

⑤打开"离心泵"旋钮开关，给复合加热水箱内胆加满水，然后关闭离心泵的旋钮开关。

⑥打开调压模块旋钮开关，将智能调节仪Ⅰ的输出手动控制到100%给复合加热水箱加热，在接近37℃时，将智能调节仪Ⅰ的输出手动控制到40%，智能调节仪Ⅰ的Sn设置为21，取下Cu50热电阻到智能调节仪Ⅰ的导线，将Pt100对应接至智能调节仪Ⅰ的"Pt100/Cu50输入"端来测温，待水温到达40℃后，快速取下Pt100热电阻接到智能调节仪Ⅰ的导线，用万用表测量并记录此时Pt100的阻值。

⑦重复第⑥步，依次控制水温至60℃、80℃、100℃，如果室温低于20℃，起点测量温度可以从20℃开始，将所测的Pt100的阻值与上述分度表进行比较，计算其精度；后附Pt100和Cu50热电阻分度表。

2. 注意事项

查阅热电阻分度表时，要分清楚类型后再查阅，切勿混淆。

五、实训作业

完成实训报告。

六、问题讨论

各组总结在操作过程中遇到的问题、原因及采取的措施。

知识巩固

一、单项选择题

1. 绝对零度是（　　）℃。
   A. 273　　　　　　　B. 0　　　　　　　C. 273.15　　　　　　D. −273.15

2. 热电偶测温原理基于（　　）。
   A. 热阻效应　　　　B. 热磁效应　　　　C. 热电效应　　　　D. 热压效应

3. 热电偶输出的热电势与（　　）有关。
   A. 热电偶两端温度
   B. 热电偶热端温度
   C. 热电偶两端温度和电极材料
   D. 热电偶两端温度、电极材料及长度

4. 在热电偶测温时，采用补偿导线的作用是（　　）。
   A. 冷端温度补偿
   B. 冷端的延伸
   C. 热电偶与显示仪表的连接
   D. 热端温度补偿

5. 在热电偶测温时，冷端温度补偿作用是（　　）。
   A. 消除冷端温度不为0℃所造成的测量误差
   B. 冷端的延伸
   C. 热电偶与显示仪表的连接
   D. 以上都对

6. 当热电偶与工艺管道呈倾斜安装时，热电偶应（　　）介质流向插入。
   A. 顺着
   B. 逆着
   C. 不受上述规定限制
   D. 向上

7. 热电阻通常用来测量（　　）500℃的温度。
   A. 高于等于　　　　B. 低于等于　　　　C. 等于　　　　　　D. 不等于

8. 热电阻温度计中绝缘子的作用是（　　）。
A. 感温元件　　　　B. 避免短路　　　　C. 保护作用　　　　D. 与显示仪表连接
9. 关于双金属温度计说法不正确的是（　　）。
A. 双金属温度计是一种固体膨胀式温度计
B. 双金属温度计可以将温度信号转化为电信号
C. 双金属温度计的感温元件是叠焊在一起的两个热膨胀系数不同的金属片
D. 双金属温度计适用于工业上要求测量精度不高的测温场合
10. 关于红外测温仪说法不正确的是（　　）。
A. 红外测温仪是一种非接触式温度检测仪表
B. 红外测温仪是利用热辐射原理进行温度测量的
C. 红外测温仪测温范围广
D. 红外测温仪只能用于高温检测

二、判断题

1. 根据测温方式不同，温度检测仪表可以分为接触式和非接触式两类。（　　）
2. 铠装热电偶特别适用于温度变化频繁、热容量较小及复杂结构设备的测温场合。（　　）
3. 铜热电阻的测温范围比铂热电阻测温范围宽。（　　）
4. K型热电偶的灵敏度是所有标准热电偶中最高的。（　　）
5. 光纤温度传感器在测温时易受到磁场的影响。（　　）

三、简答题

1. 补偿导线在使用时有哪些需要注意的事项？
2. 用什么方法可以进行冷端温度补偿？

第六章 显示仪表

学习引导

2019年第一季度全球液晶电视面板出货量排名，北京电子控股有限责任公司所属京东方位居榜首。数据显示，京东方一季度出货量达1462万片，同比增加17%，环比增长16%，实现出货数量排名全球第一。这些数据证明，京东方实现了我国显示半导体产业从落后追赶到引领世界的进步，是我国技术进步的又一佐证。

本章将着重讨论各类常见的显示仪表类型，以及显示仪表的主要技术。

学习目标

(1) 知识目标　了解常见的显示仪表类型，熟悉数字式显示仪表的结构，掌握数字式显示仪表的主要技术指标。

(2) 能力目标　能根据测量要求选用合适类型的显示仪表；能正确针对不同类型的显示仪表进行读数。

(3) 素质目标　培养一丝不苟、精益求精的工匠精神；树立安全生产意识。

将生产过程中各种参数进行指示、记录或累积的仪表统称为显示仪表（或称为二次仪表）。显示仪表一般都装在生产设备附近或控制室的仪表盘上。它和各种测量元件或变送单元配套使用，连续地显示或记录生产过程中各参数的变化情况。它又能与控制单元配套使用，对生产过程中的各参数进行自动控制和显示。

我国常用的显示仪表按照显示的方式可分为模拟式、数字式和屏幕显示式三种。

模拟式显示仪表，如图6-1所示，是以仪表的指针（或记录笔）的线性位移或角位移来模拟显示被测参数连续变化的仪表。该类仪表测量速度较慢，精度较低，读数容易造成多值性；但结构简单、工作可靠、价廉，能直观反映被测量变量的变化趋势，因而在工业生产中仍然在使用，但今后的趋势是模拟式显示仪表用得越来越少。

图 6-1　模拟式显示仪表

图 6-2　数字式显示仪表

数字式显示仪表，如图 6-2，是直接以数字形式显示被测参数值大小的仪表，测量速度快、精度高、读数直观，对所测参数便于进行数值控制和数字打印记录，尤其是它能将模拟信号转换为数字量，便于和数字计算机或其他数字装置联用。因此，这类仪表得到迅速发展。

图 6-3　屏幕显示式仪表

屏幕显示式仪表，也称为新型显示仪表，如图 6-3，就是将图形、曲线、字符和数字等直接在屏幕上进行显示，这种屏幕显示装置可以是计算机控制系统的一个组成部分，它利用计算机的快速存取能力和巨大的存储容量，几乎可以是同一瞬间在屏幕上显示出一连串的数据信息及其构成的曲线或图像。由于功能强大、显示集中且清晰，使得原有控制室的面貌发生根本的变化，过去庞大的仪表盘将大为缩小，甚至可以取消。目前屏幕显示装置在计算机集散控制系统（DCS）中广泛应用，也是未来显示方式的发展方向。

本章主要介绍数字式显示仪表以及一些新型的显示仪表。

第一节　数字式显示仪表

数字式显示仪表即数显仪表，直接使用数字量来显示测量值或偏差，读数方便，不会产生视差。数字式显示仪表普遍采用数字集成电路，集成度高，可靠性好，可进行模块化设计，对使用者的技术水平要求不高。模块化的设计也使得制造、调试和维修的成本大大降低，特别是随着我国芯片产业的蓬勃发展，各种综合生产成本大大降低。

一、数字式显示仪表的基本结构

数字式显示仪表品种繁多，结构各不相同，通常包括信号变换、前置放大、非线性校正或开方运算、模/数（A/D）转换、标度变换、数字显示、电压/电流（V/I）转换及各种控制电路等部分，其组成结构如图6-4所示。

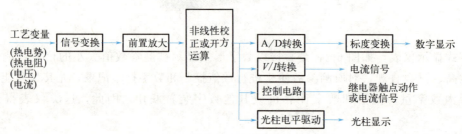

图6-4　数字式显示仪表组成结构

1. 信号变换电路

将生产过程中的工艺变量经过检测变送后的信号，转换成相应的电压或电流值。由于输入信号不同，可能是热电偶的热电势信号，也可能是热电阻信号等，因此数显仪表有多种信号变换电路模块供选择，以便与不同类型的输入信号配接。在配接热电偶时还有参比端温度自动补偿功能。

2. 前置放大电路

输入信号往往很小，如热电势信号是毫伏信号，必须经前置放大电路放大至伏级电压幅度，才能供线性化电路或A/D转换电路工作。有时输入信号夹带测量噪声（干扰信号），因此也可以在前置放大电路中加上一些滤波电路，抑制干扰影响。

3. 非线性校正或开方运算电路

许多检测元件（如热电偶、热电阻）具有非线性特性，需将信号经过非线性校正电路的处理后成为线性特性，以提高仪表测量精度。

例如在与热电偶配套测温时热电势与温度是非线性关系，通过非线性校正，使得温度与显示值变化成线性关系。

开方运算电路的作用是将来自差压变送器的差压信号转换成流量值。

4. 模/数转换（A/D转换）电路

数显仪表的输入信号多数为连续变化的模拟量，需经A/D转换电路将模拟量转换成断续变化的数字量，再加以驱动，点燃数码管进行数字显示。因此A/D转换是数显仪表的核心。

A/D转换是把在时间上和数值上均连续变化的模拟量变换成为一种断续变化的脉冲数字量。A/D转换电路品种较多，常见的有双积分型、脉冲宽度调制型、电压/频率转换型和逐次比较型。前三种属于间接型，即首先将模拟量转换成某一个中间量（时间间隔T或频率F），再将中间量转换成数字量，抗干扰能力较强，而逐次比较型属于直接型，即直接将模拟量转换成数字量。数显仪表大多使用间接型。

5. 标度变换电路

模拟信号经过模数转换器，转换成与之对应的数字量输出，但是数字显示怎样和被测原始参数统一起来呢？例如，当被测温度为65℃时，模数转换计数器输出1000个脉冲，如果直接显示1000，操作人员还需要经过换算才能得到确切的值，这是不符合测量要求的。为了解决这个问题，还必须设置一个标度变换环节，将数显仪表的显示值和被测原始参数值统一起来，使仪表能以工程量值形式显示被测参数的大小。

6. 数字显示电路及光柱电平驱动电路

数字显示方法很多，常用的有发光二极管显示器（LED）和液晶显示器（LCD）等。光柱电平驱动电路是将测量信号与一组基准值比较，驱动一列半导体发光管，使被测值以光柱高度或长度形式进行显示。

7. V/I 转换电路和控制电路

数显仪表除了可以进行数字显示外，还可以直接将被测电压信号通过 V/I 转换电路转换成 0~10mA 或 4~20mA 直流电流标准信号，以便使数显仪表可与电动单元组合仪表、可编程序控制器或计算机连用。数显仪表还可以具有控制功能，它的控制电路可以根据偏差信号按 PID 控制规律或其他控制规律进行运算，输出控制信号，直接对生产过程加以控制。

图 6-4 所示为一般数显仪表的结构组成。对于具体仪表，其组成部分可以是上述电路模块的全部或部分组合，且有些位置可以互换。正因为如此，才组成了功能、型号各不相同、种类繁多的数显仪表。有些数显仪表，除了一般的数字显示和控制功能外，还可以具有笔式和打点式模拟记录、数字量打印记录、多路显示、越限报警等功能。

二、数字式显示仪表的主要技术指标

1. 显示位数

以十进制显示被测变量值的位数称为显示位数。能够显示 0~9 的数字位称为满位；仅显示 1 或不显示的数字位称为半位或者 1/2 位。如数字温度显示仪表的显示位数为 $3\frac{1}{2}$ 位，则可显示 −1999~1999。高精度的数字表显示位数可达到 $5\frac{1}{2}$ 位或者更高。

2. 仪表量程

仪表标称范围上限值与下限值之差的模，称为仪表的量程。量程有效范围上限值称为满度值。

3. 精度

目前数字式显示仪表的精度表示法有三种：满度的 $\pm a\% \pm n$ 字、读数的 $\pm a\% \pm n$ 字、读数的 $\pm a\% \pm$ 满度的 $b\%$。系数 n 是显示仪表读数最末一位数字变化，一般 $n=1$。这是由于把模拟量转换成数字量的过程中至少要产生 ± 1 个量化单位的误差，它和被测量无关。显然，数字表的位数越多，这种量化所造成的相对误差就越小。

4. 分辨力和分辨率

分辨力指仪表显示值末位数字改变一个字所对应的被测变量的最小变化值，它表示了仪表能够检测到的被测量最小变化的能力。数字式显示仪表在不同量程下的分辨力不同，通常在最低量程上具有最高的分辨力,并以此作为该仪表的分辨力指标。

分辨率指仪表显示的最小数值与最大数值之比。

实例分析

案例 一只测量范围为 0~999.9℃ 的数字温度显示仪表,最小显示 0.1℃(末位跳变 1 个字),最大显示 999.9℃,该数字式显示仪表的分辨率为

$$\frac{0.1}{999.9} \times 100\% \approx 0.01\%$$

问题 那该数字式显示仪表的分辨力为多少?

第二节 新型显示仪表

当前的新型显示仪表是应用微处理技术、新型显示技术、记录技术、数据存储技术和控制技术,将信号的检测、处理、显示、记录、数据储存、通信、控制及复杂数学运算等多个或全部功能集合于一体的新型仪表,具有使用方便、观察直观、功能丰富、可靠性高等优点。新型显示仪表的品种繁多,显示记录方式多种多样,下面只简单介绍无纸记录仪和虚拟显示仪表两种。

一、无纸记录仪

以 CPU 为核心采用液晶显示的记录仪,完全摒弃传统记录仪的机械传动、纸张和笔,直接把记录信号转化成数字信号后,送到随机存储器加以保存,并在大屏液晶显示屏上加以显示。

无纸记录仪无纸、无笔,内部无任何传统记录仪的机械传动部件,避免了纸和笔的消耗与维护。它内置了大容量的存储器 RAM,可以存储多个变量的大量历史数据,将信号送入存储器保存并在大屏液晶显示器上加以显示。它能够显示过程变量的百分值和工程单位的当前值、历史趋势曲线、报警状态、流量累计值等,提供多个变量的同时显示,可对记录信号在显示屏上随意放大或缩小,必要时可与计算机连接将数据进行打印或进一步处理。

该仪表输入信号多样化,可与热电偶、热电阻、辐射感温器或其他产生直流电压、直流电流的变送器配合使用,对温度、压力、流量、液位等工艺参数进行数字显示、数字记录;对输入信号可以组态或编程,直观地显示当前测量值,并具有报警功能,其外形多样,有些类似于一台功能完整的具有触摸功能的平板电脑,如图 6-5 所示。

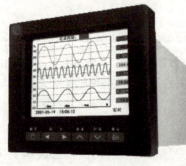

图 6-5 无纸记录仪

二、虚拟显示仪表

虚拟显示仪表是计算机图形显示技术的充分应用,除在硬件上保留原有意义上的采样开关和模数转换单元

外，显示和记录仪表的所有工作都由功能和性能都很强大的个人计算机来完成。使用时，只要将输入通道插卡插入计算机即可取代原有的实际显示仪表。

仪表的输入通道插卡由采样开关和模数转换两部分构成。计算机在通过插卡或外接采集模块完成了对被测变量的实时采样和模数处理后，首先利用计算机所安装的数据库对采样所得的实时数据进行管理，在此基础上再对数据进行各种计算处理，包括线性化处理、热电偶的冷端温度补偿及标度变换等，最后根据用户所选择的显示模式，在屏幕上以仪表的实际显示方式进行显示。

虚拟显示仪表的特点是由计算机完全模仿实际使用中的各种显示仪表的功能，例如显示面盘、侧面操作盘、接线端子等，如图 6-6，为一台虚拟显示示波器。用户可以通过计算机键盘、鼠标或触摸屏进行各种操作。在数据处理方面，计算机更具有优势。此外，一台计算机可以同时实现多种虚拟仪表，可以集中运行和显示。由于显示仪表完全被计算机所代替，除受输入通道插卡的性能限制外，其他各种性能都得到大大加强，例如计算速度、计算的复杂性、频率响应范围、精确度、稳定性、可靠性和显示模式等。

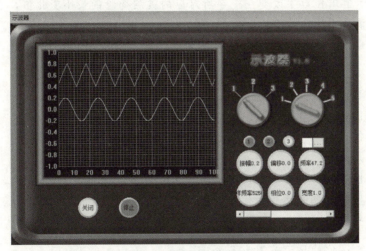

图 6-6　虚拟显示示波器

虚拟示波器演示

知识拓展

你知道吗？随着虚拟显示仪表的功能越来越强大，正在颠覆许多传统的仪表场景，最为彻底的就是国产新能源汽车的智能驾驶座舱，驾驶位的传统指针仪表已经被大屏幕所代替，各种丰富的车内智能影音功能都在一块巨大的屏幕上完成。感兴趣的同学可以上网找找看。

知识巩固

一、选择题

1.（多选题）我国常用的显示仪表，按照显示的方式可分为（　　）。
A. 模拟式　　　　　B. 数字式　　　　　C. 屏幕显示式　　　　　D. VR 式

2. 将生产过程中的工艺变量经过检测变送后的信号，转换成相应的电压或电流值，是（　　）。

A. 信号变换电路　　B. 前置放大电路　　C. 控制电路　　　　D. 标度变换电路

3. 输入信号往往很小，如热电势信号是毫伏信号，必须经（　　）放大至伏级电压幅度，才能供线性化电路或 A/D 转换电路工作。

A. 信号变换电路　　B. 前置放大电路　　C. 控制电路　　　　D. 标度变换电路

4. 数显仪表的输入信号多数为连续变化的模拟量，需经（　　）将模拟量转换成断续变化的数字量，再加以驱动，点燃数码管进行数字显示。

A. 信号变换电路　　B. 前置放大电路　　C. 控制电路　　　　D. A/D 转换电路

5. 仪表标称范围上下限之差的模，称为（　　）。

A. 满度值　　　　　B. 差值　　　　　　C. 仪表的量程　　　D. 测量值

6. 量程有效范围上限值称为（　　）。

A. 满度值　　　　　B. 差值　　　　　　C. 仪表的量程　　　D. 测量值

7. （　　）指仪表显示值末位数字改变一个字所对应的被测变量的最小变化值，它表示了仪表能够检测到的被测量最小变化的能力。

A. 分辨力　　　　　B. 分辨率　　　　　C. 精度　　　　　　D. 灵敏度

二、简答题

1. 什么是模拟显示仪表？
2. 什么是数字式显示仪表？
3. 什么是屏幕显示式仪表？
4. 无纸记录仪的特点是什么？
5. 试简述数字式显示仪表的结构组成。
6. 试简述数字式显示仪表主要的性能指标有哪些。
7. 虚拟显示仪表有哪些特点？
8. 数字表显示位数为 $5\frac{1}{2}$ 位的显示范围为多少？

第七章　自动控制系统基础

学习引导

2017年2月13日，由中集集团旗下山东烟台中集来福士海洋工程有限公司建造的半潜式钻井平台"蓝鲸1号"命名交付。该平台长117m，宽92.7m，高118m，最大作业水深3658m，最大钻井深度15240m，适用于全球深海作业。与传统单钻塔平台相比，"蓝鲸1号"配置了高效的液压双钻塔和全球领先的DP3闭环动力管理系统，可提升30%作业效率，节省10%的燃料消耗。如此复杂巨大的自动化设备，是如何通过高效的管理，实现控制目标的呢？

本章将着重讨论自动控制系统的基本概念。

学习目标

(1) 知识目标　了解化工自动化的基础知识和基本组成，熟悉控制系统中常用的术语，掌握常见的过渡过程，理解掌握控制系统的品质指标的使用和计算。

(2) 能力目标　能够绘制控制系统方块图，能够读懂带控制点的工艺控制流程图。

(3) 素质目标　培养科学的思维方式、积极的学习态度、敢于挑战的精神。

第一节　化工自动化基础知识

一、人工控制和自动控制

化工生产过程都必须在工艺所规定的工艺变量（温度、压力、流量、液位、浓度等）条件下进行操作，才能保证生产安全、高效进行。

但是，在生产过程中，由于某些因素的影响往往使得各种表征生产过程进行状态的变量偏离工艺指标。若要达到稳定操作，必须对这些工艺变量进行控制。为了实现控制要求，可采用两种方式：一是人工控制；二是自动控制。自动控制是在人工控制的基础上发展起来的。因此，下面先介绍人工控制，在此基础上来理解自动控制。

图7-1所示是生产上常作为中间容器或成品罐的液位贮槽，这一岗位的操作要求是贮槽液位保持在一定的值，因为液位过高或过低会出现贮槽内液体溢出或抽空的现象。解决这一问题的最简单方法是：以贮槽液位为操作指标，以改变出口阀门开度为控制手段。即当液位

上升时，将出口阀门开大，液位上升越多，阀门开度越大；反之，关闭阀门。

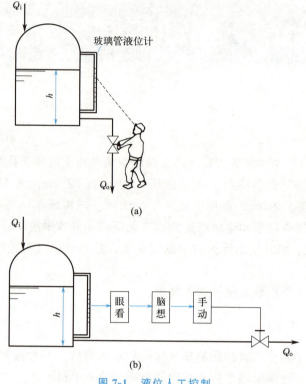

图 7-1　液位人工控制

归纳起来，操作人员所做的工作如下：第一，用眼睛观察玻璃管液位计的指示值；第二，将指示值与工艺中需要保持的液位值在大脑中比较并算出两者的差值；第三，当指示值偏高时，用手去开大阀门，当指示值偏低时，则去关小阀门，直到达到差值为零的位置。此时，说明液位指示值回到需要的高度。这个过程叫做人工控制过程。可见，人工控制过程是通过眼睛观察，大脑分析判断，手进行操作的过程。如果用自动化装置替代人的眼、脑和手去控制，就形成了自动控制系统。

图 7-2 是贮槽液位自动控制示意图。由图可见，上述人工控制的三个部分被三种自动化装置所取代。这三部分自动化装置包括：第一部分是测量贮槽液位并能将液位高低转换成相对应的特定信号并输出的仪表，这就是前面学过的测量变送仪表；第二部分是控制器，即根据变送器送来的信号，与工艺上需要保持的液位值进行比较，按设计好的控制规律算出结

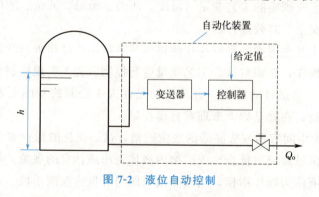

图 7-2　液位自动控制

锅炉汽包液位控制

果，然后将此结果用特定的信号发送出去；第三部分是控制阀，它自动地根据控制器送出来的信号值改变阀门的开度。这样，测量仪表相当于人的眼睛，控制器相当于人的大脑，控制阀相当于人的手（脚），一个自动控制系统就是对人工控制过程的模拟。

根据贮槽水位控制的例子，可归纳出以下几个控制系统中常用的术语。

① 被控对象：简称对象，指在自动控制系统中，需要控制的工艺设备的有关部分，例如液体贮槽。

② 被控变量：指生产工艺中需要保持不变的工艺变量，例如贮槽内的液位，通常用字母 y 表示。

③ 设定值：指工艺上需要被控变量保持的数值，用字母 x 表示。

④ 偏差：指被控变量的测量值 z 与设定值 x 之差，用字母 e 表示。

⑤ 干扰作用（扰动）：指引起被控变量偏离设定值的一切因素，用字母 f 表示。图 7-1 中进口流量就是引起液位波动的扰动因素。

⑥ 操纵变量：通常是指受控于调节阀，用以克服干扰的影响，使被控变量回复到设定值，实现控制作用的变量；用字母 q 表示。图 7-1 中出口流量就是操纵变量。

⑦ 调节介质：用来实现控制作用的物料，又称调节剂。流过控制阀的流体就是调节介质。

二、自动控制系统的组成及分类

1. 自动控制系统的组成及方块图

从图 7-2 中看出，一个简单的自动控制系统（即自控系统）由被控对象、测量变送单元、控制器、控制阀这四个环节组成。为了更清楚地表示各个组成环节之间的相互影响和信号联系，一般都采用方块图来表示自控系统。如图 7-3 所示。

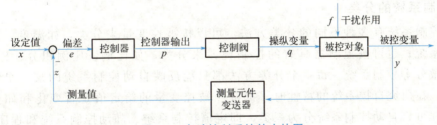

图 7-3 自动控制系统的方块图

方块图中的每个方块表示组成系统的一个部分，称为"环节"。两个方块之间用一条带有箭头的线条表示其信号的相互关系，箭头指向方块表示为这个环节的输入，箭头离开方块表示为这个环节的输出。线旁的字母表示相互间的作用信号。

图 7-3 中的被控对象即为图 7-2 中的贮槽，⊙表示比较器，它是控制器的一个部分，不是独立的元件，只是为了说明其作用把它单独画出来了。干扰作用 f 是贮槽的进口流量，作用于被控对象，相当于被控对象的输入信号。当贮槽的进口流量（即干扰作用 f）改变时，被控对象的被控变量 y（即液位）发生变化，测量元件测出其变化值送到比较器与设定值 x 进行比较，得出偏差 $e=z-x$，控制器根据偏差的大小按事先设定好的控制规律运算后输出一个控制信号 p 给控制阀，控制阀根据 p 的大小改变其开度，使操纵变量 q（出口流量）产生相应的变化，从而使被控对象的输出——被控变量稳定下来。

方块图中的每一个方块都代表一个具体的实物。方块与方块之间的连接线，只代表方块之间的信号联系，并不代表方块之间的物料联系。方块之间连接线的箭头也只代表信号作用的方向，与工艺流程图上的物料线是不同的。工艺流程图上的物料线是代表物料从一个设备进入另一个设备，而方块图上的线条及箭头方向有时并不与流体流向相一致。

2. 反馈

对于任何一个简单的自动控制系统，不论它们在表面上有多大差别，其方块图都有类似图 7-3 的形式。组成系统的各个环节在信号传递关系上都形成一个闭合的回路，任何一个信号，只要沿着箭头方向前进，通过若干环节后，最终又会回到原来的起点。所以自动控制系统是一个闭环系统。

图 7-3 中，控制系统的输出参数是被控变量，它经过测量元件和变送器后，又返回到系统的输入端，与设定值相比较。这种把系统的输出信号返回到输入端的做法叫反馈。返回的信号对原输入信号有增强作用的叫正反馈，对原输入信号有削弱作用的叫负反馈。显然，图 7-3 中 z 是负的，属于负反馈。在自动控制系统中，都采用负反馈。因为当被控变量 y 受到干扰的影响而升高时，反馈信号 z 将高于设定值 x，经过比较而送到控制器去的偏差信号为负值，使控制器作用方向为负，从而使被控变量回到设定值，这样就达到了控制目的。如果采用正反馈形式，那么不仅不能克服干扰的作用，反而推波助澜，即当被控变量升高时，控制阀反而产生正方向作用，使被控变量上升更快，以至于超过安全范围而破坏生产。

综上所述，自动控制系统是具有被控变量负反馈的闭环系统，与自动检测、自动操纵等开环系统比较，最本质的区别，就在于自动控制系统有负反馈。开环系统中，被控（工艺）变量是不反馈到输入端的。所谓的开环控制，是指自动机在操作时，一旦开机，就只能是按照预先规定好的程序周而复始地运转。这时被控变量如果发生了变化，自动机不会自动地根据被控变量的实际工况来改变自己的操作。

3. 控制系统的分类

自动控制系统有多种不同的分类方法，可以按被控变量来分类，如温度、压力、流量等控制系统；也可按控制器具有的控制规律来分类，如比例、比例积分、比例微分、比例积分微分等控制系统。每一个分类方法都只能反映自动控制系统的某一个特点。一般情况下，在研究自控系统的特性时，都按照被控变量的给定值是否变化和如何变化来分类，这样可将自动控制系统分为三类，即定值控制系统、随动控制系统和程序（顺序）控制系统。

(1) 定值控制系统　定值控制系统是指设定值恒定不变的控制系统，例如贮槽液位控制系统。按照要求应使液位保持在一定数值上，这就需要采用定值控制系统。定值控制系统的作用是克服干扰对被控变量的影响，使被控变量最终回到设定值或其附近。化工生产中要求的大多数都是这种类型，因此，后面主要讨论定值控制系统。

(2) 随动控制系统　随动控制系统又称自动跟踪系统。这类系统的设定值是不断变化的，而且这种变化不是预先规定好的，是随机变化的。这类系统的主要任务是使被控变量能够尽快地、准确无误地跟踪设定值的变化而变化。在化工自动化中，有些比值控制系统就属随动控制系统，例如要求甲流体的流量与乙流体的流量保持一定的比值，当甲流体的流量变化时，乙流体的流量能按一定的比例随之变化。

(3) 程序（顺序）控制系统　这类系统的设定值也是变化的，但它是一个已知的时间函数，即设定值按一定的时间程序变化。例如注射剂生产时灭菌柜的温度控制就属于程序控制系统。

第二节　自动控制系统的过渡过程及品质指标

一、系统的静态和动态

在自动化领域中，把被控变量不随时间变化的平衡状态称为系统的静态，而把被控变量随时间变化的不平衡状态称为系统的动态。

当一个自动控制系统的输入（设定值和干扰作用）及输出（被控变量）都保持不变时，整个系统就处于一种相对稳定状态，系统内各组成环节都不改变其原来的状态，它们的输入、输出信号的变化率为零，即系统静态。但生产仍在进行，物料和能量仍然有进有出，只是平稳进行没有改变就是了。所以系统的静态反映的是相对平衡状态。

原先处于相对静态的系统，一旦受到干扰作用的影响，平衡就会受到破坏，被控变量随之发生变化，从而使控制器等自动化装置改变操作变量以克服干扰作用的影响，力图使系统恢复平衡。从干扰的发生，经过控制直到系统重新建立平衡期间，整个系统的各个环节和参数都处于变动状态之中，这种状态叫做动态。

一个自动控制系统投入运行后，不可避免地有干扰作用于被控过程，以致破坏正常生产状态，因此，必须通过自动控制装置不断地施加控制作用去消除干扰作用的影响，使被控变量保持在生产所规定的工艺技术指标上。可见从控制的角度了解系统的动态比了解系统的静态更为重要。

二、自动控制系统的过渡过程及基本形式

处于相对平衡状态的自动控制系统在受到干扰作用时，被控变量就会发生变化，系统进入动态。于是自动控制装置产生控制作用克服干扰作用的影响，使被控变量重新稳定下来，系统再次建立平衡。系统在自动控制作用下，从一个平衡状态进入另一个平衡状态之间的过程称为定值控制系统的过渡过程。

一个自动控制系统经常受到各种干扰的影响，这些干扰不仅形式各异，幅度和周期也各不相同，对被控变量的影响也各不相同，其中以图7-4所示的阶跃干扰对控制系统的被控变量影响最大，且阶跃扰动最为多见，例如负荷的改变、电路的突然接通或断开、阀门开度的突然变化等。因此，本教材只讨论阶跃干扰对控制系统的影响。

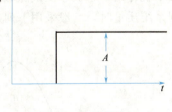

图7-4　阶跃干扰

在阶跃干扰和控制作用下，被控变量随时间的变化有如图7-5所示的几种基本形式。

（1）衰减振荡过程　如图7-5(a)所示，它表明被控变量经过一段时间后最终能稳定下来。由于衰减振荡过程能较快地使系统稳定下来，因此过程控制中多数情况都希望得到曲线(a)所示的过渡过程。

(2) 非周期衰减过程 如图 7-5(b) 所示，非周期衰减过程虽然也是稳定过程，但由于被控变量达到新的稳态值的进程太慢，致使被控变量长时间偏离设定值，所以一般不采用。只有当工艺生产不允许被控变量振荡时才考虑采用曲线（b）所示的过渡过程。

(3) 等幅振荡过程 如图 7-5(c) 所示，它表明系统受到干扰和控制作用时，被控变量作振幅恒定的振荡而不能稳定下来。等幅振荡过程在生产上一般是不采用的，但对于某些工艺上允许被控变量在一定范围内波动的、控制质量要求不高的场合，这种形式的过程曲线还是可以采用的。

(4) 发散振荡过程 如图 7-5(d) 所示，它表明系统受到干扰作用时，不但不能使被控变量回到设定值，反而使其越来越偏离设定值，以至超越工艺许可范围，严重时会引起事故，这是生产上绝不允许的，应竭力避免。

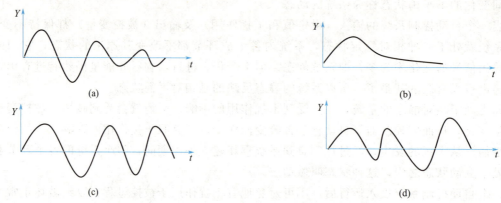

图 7-5 过渡过程的几种基本形式

三、过渡过程的品质指标

定值控制系统的作用是克服干扰的影响，使被控变量保持在预定的数值。因此对定值控制系统的控制要求是平稳。在干扰发生后，希望被控变量稳得住、稳得快、稳得准。控制系统的过渡过程是衡量控制系统品质的依据。由于在多数情况下，都希望得到衰减振荡过程，所以下面以衰减振荡过程来讨论控制系统的品质指标。图 7-6 所示是一个自动控制系统在阶跃干扰作用下，被控变量随时间变化的衰减振荡的过渡过程。根据这一过程曲线衡量定值控制系统质量时，一般采用下列几个单项指标。

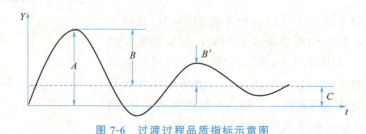

图 7-6 过渡过程品质指标示意图

1. 最大偏差或超调量

最大偏差是描述被控变量偏离设定值最大程度的指标。在衰减振荡过渡过程中最大偏差是指被控变量第一个波的峰值与设定值之差，在图 7-6 中以 A 表示。有时也用超调量来表示被控变量的偏离程度，图中以 B 表示，它是第一个波峰与新稳定值之差，即 $B=A-C$。

最大偏差越大，被控变量瞬时偏离设定值就越远，这对某些工艺条件要求较高的生产过程就十分不利。例如化学反应器的化合物爆炸极限、催化剂烧结温度极限等就需要限制最大偏差的允许值。所以必须根据工艺要求，对最大偏差的允许值慎重考虑，以确保生产安全进行。

2. 衰减比

衰减比是衡量控制系统稳定程度的指标。过渡过程曲线上第一个波的峰值与同方向第二个波的峰值之比称为衰减比。在图 7-6 中衰减比 $n=B:B'$。对衰减振荡过渡过程而言，n 总是大于 1。若 n 接近 1 时，控制系统的过程曲线接近等幅振荡过程；若 n 小于 1，则为发散振荡过程；n 越大则系统越稳定，但是 n 趋于无穷大时，系统接近非周期衰减过程，这也不是生产上所欢迎的。因此，根据实际操作经验，通常取 $n=4\sim10$ 之间为宜。图 7-6 就是一个衰减比接近于 4∶1 的过渡过程曲线。

3. 余差

余差是控制系统过渡过程终了时，被控变量所达到的新的稳态值与设定值之间的偏差，图 7-6 中以 C 表示。余差是反映控制准确程度的一个重要指标，一般希望它为零或不超过预定的范围，但不是所有的控制系统对余差都有很高的要求，例如一般贮槽的液位控制对余差的要求就不高，而允许液位在一定范围内波动。

4. 过渡时间

过渡时间是指控制系统受到干扰作用后，被控变量从原有稳态值达到新的稳态值的 $\pm5\%$（也有规定 $\pm2\%$）的范围内所需要的时间。过渡时间短表示系统能很快稳定下来，即使干扰频繁出现，系统也能适应；反之，过渡时间长表示系统稳定慢，在几个同向干扰作用下，被控变量就会大大超过设定值而不满足工艺生产的要求。可见过渡时间还是短些好。

5. 振荡周期或频率

过渡过程同向两波峰之间的间隔时间称为振荡周期（或称工作周期），其倒数称为振荡频率。在衰减比相同的条件下，周期与过渡时间成正比，一般希望振荡周期短些好。

综上所述，过渡过程的品质指标有：最大偏差、衰减比、余差、过渡时间及振荡周期。以上指标在不同的控制系统中各有其重要性且相互之间有影响。因此，评价一个自动控制系统质量的好坏，不能一概追求高指标，应根据具体情况区分主次，优先满足主要的品质，另外还要考虑控制系统的先进程度，是否以最少的仪表和最简单的方法满足了生产的要求，即是否既经济又实用。

实例分析

案例 某贮液罐的液位控制系统在单位阶跃干扰作用下的过渡过程曲线如图 7-7 所示。试分别求出最大偏差、余差、衰减比、振荡周期和过渡时间（给定值为 150cm）。

解 最大偏差：$A=210-150=60(\text{cm})$

余　　差：$C=160-150=10(\text{cm})$

由图上可以看出，第一个波峰值 $B=210-160=50(\text{cm})$，第二个波峰值 $B'=170-160=10(\text{cm})$，故衰减比应为

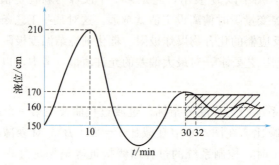

图 7-7 液位控制系统过渡过程曲线

$$B:B'=50:10=5:1$$

振荡周期为同向两波峰之间的时间间隔，故周期

$$T=30-10=20(\min)$$

过渡时间与规定的被控变量限制范围大小有关，假定被控变量进入额定值的 $\pm 2\%$，就可以认为过渡过程已经结束。那么，限制范围为 $150\text{cm} \times (\pm 2\%) = \pm 3\text{cm}$。这时，可在新稳态值（160cm）的两侧以宽度为 $\pm 3\text{cm}$ 画一区域，图中用画有阴影线的区域表示。只要被控变量进入这一区域，且不再越出，过渡过程就可以认为已经结束。因此，从图上可以看出，过渡时间为 32min。

第三节 带控制点的工艺流程图

带控制点的工艺流程图是在工艺流程的基础上，用过程检测和控制系统中规定的符号，描述化工生产过程自动化内容的图纸。带控制点的工艺流程图也称为 PID 图，即管道仪表图。

在 PID 图上，过程检测和控制系统的符号和控制图往往简化，下面对其进行简单介绍。

一、图形符号

1. 测量点（包括检出元件、取样点）

由工艺设备轮廓线或工艺管线引到仪表圆圈的连接线的起点，一般无特定的图形符号，如图 7-8 所示。

图 7-8 测量点的一般表示方法

2. 连接线

仪表圆圈与过程测量点的连接引线，通用的仪表信号线和能源线的符号是细实线。当有必要标注能源类别时，可采用相应的缩写标注在能源线符号之上。例如，AS-014 为 0.14MPa 的空气源，ES-24DC 为 24V 的直流电源。如图 7-9 所示。

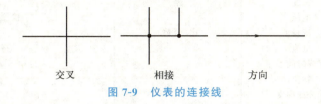

交叉　　　　　　　相接　　　　　　　方向

图 7-9　仪表的连接线

3. 仪表的图形符号

仪表的图形符号是一个细实线圆圈，直径约 10mm，不同的仪表安装位置的图形符号如表 7-1 所示。

表 7-1　仪表安装位置的图形符号

序号	安装位置	图形符号	备注	序号	安装位置	图形符号	备注
1	就地安装仪表	○		4	集中仪表盘后安装仪表	⊝	
			嵌在管道中				
2	集中仪表盘面安装仪表	⊖		5	就地仪表盘后安装仪表	⊝	
3	就地仪表盘面安装仪表	⊖					

对于处理两个或两个以上被测变量、具有相同或不同功能的复式仪表，可用两个相切的圆或分别用细实线与细虚线相切表示（测量点在图纸上距离较远或不在同一图纸上），如图 7-10 所示。

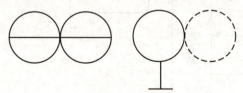

图 7-10　复式仪表的表示方法

二、字母代号

控制流程图中，用来表示仪表的小圆圈的上半圆内，一般写有两位（或两位以上）字母，第一位字母表示被测变量，后继字母表示仪表的功能，常用被测变量和仪表功能的字母代号见表 7-2 所示。

表 7-2 被测变量和仪表功能的字母代号

字母	第一位字母		后继字母
	被测变量	修饰词	功能
A	分析		报警
C	电导率		控制（调节）
D	密度	差	
E	电压		检测元件
F	流量	比（分数）	
I	电流		指示
K	时间或时间程序		自动-手动操作器
L	物位		
M	水分或湿度		
P	压力或真空		
Q	数量或件数	积分、累积	积分、累积
R	放射性		记录或打印
S	速度或频率	安全	开关、联锁
T	温度		传送
V	黏度		阀、挡板、百叶窗
W	力		套管
Y	供选用		继动器或计算器
Z	位置		驱动、执行或未分类的终端执行机构

在图 7-11 所示的脱乙烷塔控制流程图中，塔顶的压力控制系统中的 PIC-207，其中第一位字母 P 表示被测变量为压力，第二位字母 I 表示具有指示功能，第三位字母 C 表示具有控制功能，因此 PIC 的组合就表示一台具有指示功能的压力控制器。在塔下部的温度控制系统中的 TRC-210 表示一台具有记录功能的温度控制器。当一台仪表同时具有指示、记录功能时，只需标注字母代号"R"，不用标注"I"，所以 TRC-210 可以同时具有指示、记录功能。

温度控制系统

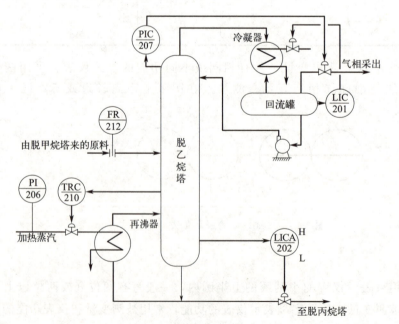

图 7-11 脱乙烷塔控制流程图

DCS 系统控制流程

三、仪表位号

在检测、控制系统中，构成一个回路的每个仪表都应有自己的仪表位号。仪表位号由字母代号和数字编号两部分组成。字母代号的意义前面已进行解释，数字编号写在圆圈的下半部，其第一位数字表示工段号，后续数字表示仪表的序号。图 7-11 中仪表的数字编号第一位都是 2，表示此塔处于生产流程的第二工段。通过控制流程图，可以看出其上每一台仪表的测量点的位置、被测变量、仪表功能、工段号、仪表序号、安装位置等。例如图 7-11 中的 PI-206 表示测量点在加热蒸汽管线上的蒸汽压力指示仪表，该仪表为就地安装，工段号为 2，仪表序号为 06。

带控制点的工艺流程图中，是用字母来表示仪表的功能，TC、FI、LIC 分别代表什么功能的控制仪表？

知识巩固

一、单项选择题

1. 工艺生产中，若要求控制系统的作用是使被控制的工艺参数保持在一个生产指标上不变，可以选用（　　）。
   A. 程序控制系统　　B. 定值控制系统　　C. 随动控制系统　　D. 主动控制系统
2. 下列哪一个不是阶跃干扰的优点（　　）。
   A. 形式简单　　B. 形式复杂　　C. 比较突然　　D. 比较危险
3. 下面哪种自动控制过渡过程是不能接受的：（　　）。
   A. 非周期衰减过程　　　　　　　　B. 衰减振荡过程
   C. 等幅振荡过程　　　　　　　　　D. 发散振荡过程
4. 控制系统过渡过程终了时，被控变量所达到的新的稳态值与设定值之间的偏差，称为（　　）。
   A. 余差　　B. 偏差　　C. 误差　　D. 给定值
5. 仪表位号 LICA，代表该仪表具有（　　）功能。
   A. 压力变送控制报警　　　　　　　B. 液位控制
   C. 液位指示控制报警　　　　　　　D. 温度控制报警
6. 过渡过程同向两波峰（或波谷）之间的间隔时间叫（　　）。
   A. 振荡周期　　B. 过渡时间　　C. 波动时间　　D. 波动周期
7. 带控制点的工艺流程图也称为（　　）。
   A. PID 图　　B. PD 图　　C. PI 图　　D. PDD 图
8. 控制流程图中，用来表示仪表的小圆圈的上半圆内，一般写有两位（或两位以上）字母，第一位字母表示（　　），后继字母表示（　　）。
   A. 时间常数　　B. 被测变量　　C. 顺序号　　D. 仪表的功能

二、简答题

1. 自动控制系统主要由哪些环节构成？各有什么作用？

2. 什么是自动控制系统的方块图？它与工艺流程图有什么区别？

3. 试分别说明什么是被控对象、被控变量、设定值、偏差、干扰作用、操纵变量、调节介质。

4. 如图7-12所示为一反应器温度控制系统。A、B两种物料进入反应器进行反应，通过改变进入夹套的冷却水流量来控制反应器内的温度保持不变。试画出该温度控制系统的方块图，并指出该系统中的被控对象、被控变量、操纵变量及可能影响被控变量变化的干扰各是什么。

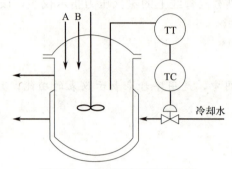

图7-12 反应器温度控制系统

5. 什么是负反馈？负反馈在自动控制系统中有什么重要的意义？

6. 图7-12所示的温度控制系统中，如果由于进料温度升高使反应器内的温度超过给定值，试说明此时该系统的工作情况，此时系统是如何通过控制作用来克服干扰作用对被控变量产生影响的？

7. 什么是自动控制系统的过渡过程？它有哪几种形式？

8. 某发酵过程工艺规定操作温度为（40±2）℃。考虑到发酵效果，控制过程中温度偏离给定值最大不能超过6℃。现设计一定值控制系统，在阶跃干扰作用下的过渡过程曲线如图7-13所示。试确定该系统的最大偏差、衰减比、余差、过渡时间（按被控变量进入±2℃新稳态值即达到稳定来确定）和振荡周期等过渡过程指标，并回答该系统能否满足工艺要求。

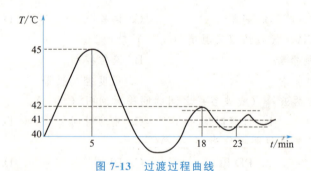

图7-13 过渡过程曲线

第八章 控制器

学习引导

电动车控制器是用来控制电动车的启动、运行、进退、停止等操作的部件,它就像是电动车的大脑,是电动车上重要的部件。电动车主要包括电动自行车、电动摩托车、电动汽车等,不同车型的电动车控制器有不同的性能和特点。如:超静音设计技术利用独特的电流控制算法,能适用于任何一款无刷电动车电机,并且具有相当的控制效果,提高了电动车控制器的普遍适应性,使电动车电机和控制器不再需要匹配;恒流控制技术使电动车控制器堵转电流和动态运行电流完全一致,保证了电池的寿命,并且提高了电动车电机的启动转矩;自动识别电机模式系统能自动识别电动车电机的换相角度、霍尔相位和电机输出相位,只要控制器的电源线、转把线和刹车线不接错,就能自动识别电机的输入及输出模式,可以省去无刷电动车电机接线的麻烦,大大降低了电动车控制器的使用要求。

本章将着重讨论P、I、D及其组合的控制规律的基本算法和原理,并探讨运用P、I、D及其组合的控制规律进行各类物理变量控制的一般方案。

学习目标

(1) 知识目标　了解模拟控制器的结构组成及适用场合;熟悉数字式控制器的结构组成及适用场合;掌握P、I、D及其组合的控制规律的基本算法、原理和特点。

(2) 能力目标　能在实际工作中对各类控制器进行选型和应用,能对控制器进行参数设定及投运等操作。

(3) 素质目标　培养一丝不苟、精益求精的工匠精神;树立安全生产意识。

第一节　基本控制规律

控制器的控制规律指控制器接受输入的偏差信号后,控制器的输出随输入的变化规律,即

$$p = f(e) \tag{8-1}$$

式中　p——控制器的输出信号;

e——偏差信号。

偏差是设定值与测量值之差。调节器输出的变化,即阀门开度的变化。调节器的控制规律是对人工操作调节阀的一种模仿。在自动控制中最基本的控制规律有双位控制、比例控制

(P)、积分控制（I）和微分控制（D）四种。各种控制器的运算规律均由这些基本控制规律 P、I、D 组合而成。

一、双位控制

1. 理想的双位控制

双位控制是位式控制中最简单的形式。双位控制的规律是：当被控变量的测量值小于设定值时，调节器的输出最大；测量值大于设定值时则输出为最小（也可以相反）。其数学表达式为：

$$p = \begin{cases} p_{max}, e > 0 (或 e < 0) \\ p_{min}, e < 0 (或 e > 0) \end{cases} \tag{8-2}$$

因此，双位控制只有两个输出值，执行器相应地也只有"开"或"关"两个极限位置，而且从一个位置到另一个位置变化极为迅速，如图 8-1 所示。

图 8-2 是一个理想的双位控制系统。被控变量是贮槽的液位，槽内的电极作为液位的检测装置，它的一端与继电器 J 的线圈相接，另一端调整在液位设定值 H_0 的位置，执行器是电磁阀，安装在流体的进口管线上，流体是导电的，贮槽外壳接地。当液位低于设定值 H_0 时，流体与电极不接触，继电器断路，电磁阀 V 全开，流体注入贮槽使液位上升。当液位上升至大于设定值时，流体与电极接触，于是继电器接通，从而使电磁阀全关，流体不再进入贮槽。但此时贮槽内的流体仍继续通过出液管往外排出，故液位要下降。待液位降至小于设定值 H_0 时，流体又与电极脱离，于是电磁阀又开启。如此反复循环，使液位维持在设定值上下很小一个范围内波动。

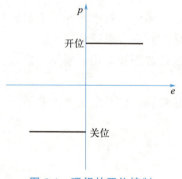
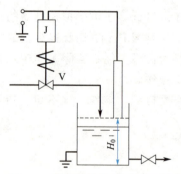

图 8-1 理想的双位控制　　　　图 8-2 理想双位控制系统示例

2. 具有中间区域的双位控制规律

在图 8-2 理想的双位控制系统中，调节机构的启闭过于频繁，系统中运动部件（继电器触头、电磁阀等）容易损坏，这样就很难保证控制系统安全、可靠地运行。

实际应用的双位控制都有一个中间区域（仪表的不灵敏区）。当被控变量上升时必须在测量值高于设定值某一数值后，电磁阀才关；而当被控变量下降时，必须在测量值低于设定值某一数值后，电磁阀才开。如图 8-3 所示。

图 8-3 中，当液位低于下限值 h_L 时，电磁阀打开，流体流入贮槽，流入量大于流出量，故液位上升。当上升至上限值 h_H 时，电磁阀关闭，流体停止流入，由于此时贮槽内流体仍

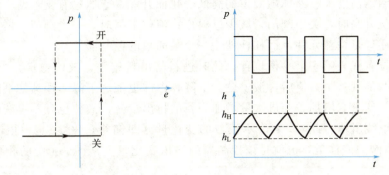

图 8-3 具有中间区域的双位控制

在流出,故液位下降,直到液位下降至下限值 h_L 时,电磁阀又重新开启,液位又开始上升,如此重复,使液位在上下限之间的变化,形成等幅振荡过程。

双位控制装置的结构简单,成本较低,易于实现,它适用于控制质量要求不高的场合。工业生产中的恒温箱、电烘箱和家庭日常生活中的冰箱、空调等都采用双位控制。

二、比例控制

上述双位控制中,执行机构只有两个位置:全开或全关,操纵变量的变化不是最大就是最小,被控变量始终处于波动之中,这对于被控变量要求有较高稳定性的系统是不能满足的。

在人工控制的实践中又认识到,如果能使调节阀的开度变化与被控变量对设定值的偏差成一定比例关系,就可能使输入量等于输出量,从而使被控变量趋于稳定,达到平衡。这种阀门开度的变化与被控变量的偏差大小成比例的控制,就是比例控制,常用 P 来表示。

1. 比例控制规律及特点

比例控制规律可用下述公式来表示

$$\Delta p = K_p e \tag{8-3}$$

式中 Δp——控制器输出的变化量;
e——控制器的输入,即偏差;
K_p——比例控制器的放大倍数。

可见,比例控制就是控制器输出的变化量与输入的偏差成比例的控制。

图 8-4 是一个液位比例控制的例子。被控变量是水槽的液位,O 为杠杆的支点,杠杆的一端固定着浮球,另一端与调节阀的阀杆连接。通过浮球和杠杆的作用,调整阀门的开度使

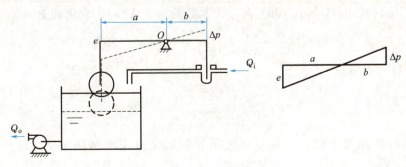

图 8-4 液位比例控制

液位保持在适当的高度上。浮球随液位的高低变化而升降，它通过有支点的杠杆，带动阀芯同时动作，液位升高时，关小阀门，减少进料量；液位下降时，开大阀门，增加进料量。在这个系统中，浮球是检测元件，而杠杆就是一个最简单的控制器。

图中实线位置代表第一个平衡位置，此时进料与出料相等，液位稳定。当某一个时刻，排出流量突然增加到一个数值后，液位就会下降，浮球也随之下降。浮球的下降通过杠杆把进水阀门开大，使进水增加，当进水量增加到新的排出量时，液位也就不再变化而重新稳定下来，如图中虚线所示。此时，e 表示液位的变化量（即偏差），也就是该控制器的输入变化量；Δp 表示阀的位移量，也就是该控制器的输出变化量。从图 8-4 中的相似三角形可以得出

$$\Delta p = \frac{b}{a} e = K_p e \tag{8-4}$$

式中，$K_p = \frac{b}{a}$。

当杠杆的支点确定后，a、b 均为常数。可见它就是一个比例控制。

由上述过程可以看出，比例控制有如下三个特点：

① 控制及时。因为浮球随液位的变化相当于控制器的输入偏差，阀门开度变化相当于控制器的输出，两者是同时变化的。

② 比例控制有余差。实线与虚线对应两个平衡位置，说明比例控制过程不能使被调变量回复到设定值。新的稳定值与原来的值之间有一差值，这就是余差。

③ 比例控制作用的强弱由 K_p 的大小决定。K_p 越大，即使偏差很小，阀门动作也很大，比例作用就越强。反之，K_p 越小，比例作用就越弱。

2. 比例度

工业上使用的控制器，一般用比例度来表示比例控制作用的强弱。

所谓比例度是指控制器输入的相对变化值与相应的输出相对变化值之比的百分数，可用下式表示

$$\delta = \frac{\dfrac{e}{x_{\max} - x_{\min}}}{\dfrac{\Delta p}{p_{\max} - p_{\min}}} \times 100\% \tag{8-5}$$

式中 $x_{\max} - x_{\min}$——仪表的量程；

$p_{\max} - p_{\min}$——控制器输出的工作范围。

例如：一个温度控制器，温度刻度范围是 400~800℃，控制器输出变化的工作范围是 4~20mA，当指针从 600℃ 转到 700℃ 时，控制器的输出从 8mA 变化到 16mA，其比例度为

$$\delta = \left(\frac{700-600}{800-400} \times \frac{20-4}{16-8} \right) \times 100\% = 50\%$$

式(8-5)还可以写成

$$\delta = \frac{e}{\Delta p} \times \frac{p_{\max} - p_{\min}}{x_{\max} - x_{\min}} \times 100\% \tag{8-6}$$

对于具体的控制器来说，其量程和控制器的输出范围都是固定的，令 $\dfrac{p_{\max} - p_{\min}}{x_{\max} - x_{\min}} = K$，则

$$\delta = \frac{K}{K_p} \times 100\% \tag{8-7}$$

在单元组合仪表中，控制器的输入信号是由变送器来的，而控制器和变送器的输出信号都是统一的标准信号，因此常数 $K=1$。所以在单元组合式仪表中，比例度 δ 就和放大倍数 K_p 互为倒数关系，即

$$\delta = \frac{1}{K_p} \times 100\% \tag{8-8}$$

三、积分控制

比例控制的结果存在余差，对于工艺要求不高的场合，可以使用。所以有时把比例控制称作"粗调"。当对控制质量有更高要求时，必须在比例控制的基础上，再加上能消除余差的积分作用，即积分控制，常用字母 I 表示。

1. 积分控制规律及其特点

积分控制规律的表达式为

$$\Delta p = K_I \int e\, dt \tag{8-9}$$

式中　K_I——积分比例系数，称为积分速度。

积分控制的特性见图 8-5。

式(8-9) 和图 8-5 表明：第一，积分控制作用输出信号的大小不仅取决于偏差信号的大小，而且主要取决于偏差存在的时间长短。只要有偏差，尽管偏差很小，但它存在的时间越长，输出信号就变化越大，直到输入偏差为 0，输出信号才停止变化，稳定在某个值上。第二，积分控制作用在最后达到稳定时，偏差总是等于 0 的，即实现无差控制，这是积分控制的重要特性。第三，积分作用比较慢，在偏差出现的瞬间不能立即有控制作用，只有当偏差延长较长时间才能有较大的控制作用，偏差延续时间越长，控制作用越强。正是由于这一特点，积分控制一般不单独使用。

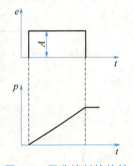

图 8-5　积分控制的特性

在实际中，常用积分时间 T_I 来表示积分作用的强弱，在数值上 T_I 与积分速度 K_I 的关系为

$$T_I = \frac{1}{K_I} \tag{8-10}$$

T_I 越小，积分作用越强；T_I 越大，积分作用越弱。

2. 比例积分控制规律

实际应用中，常把积分控制与比例控制组合在一起，构成比例积分控制规律。即 PI 控制规律。用下式表示，即

$$\Delta p = K_p \left(e + K_I \int e\, dt \right) = \frac{1}{\delta} \left(e + \frac{1}{T_I} \int e\, dt \right) \tag{8-11}$$

式(8-11) 中表示控制作用的参数有两个：比例度 δ 和积分时间 T_I。总的来说，PI 控制将比例和积分控制的优点结合在一起，既具有控制及时、克服偏差有力，又具有能消除余差的性能，此控制作用在生产上应用很广。

四、微分控制

对于有一些参数的控制，比如某些反应釜温度的控制，若反应为放热反应，一般通过改变进入夹套中冷却水量来维持釜温为某一给定值。在人工控制过程中，操作人员不仅根据温度偏差来改变冷水阀开度的大小，也会同时考虑偏差的变化速度以进行控制。比如当看到釜温上升很快，虽然这时偏差可能还很小，但估计很快就会有很大的偏差，为了抑制温度的迅速增加，就预先过分地开大冷水阀，这种按被控变量变化的速度来确定控制作用的大小，就是微分控制，一般用字母 D 表示。

1. 微分控制规律

微分控制规律的数学表达式为

$$\Delta p = T_D \frac{\mathrm{d}e}{\mathrm{d}t} \tag{8-12}$$

式中 T_D——微分时间；

$\dfrac{\mathrm{d}e}{\mathrm{d}t}$——偏差变化速度。

微分控制就是指控制器输出的变化与输入偏差的变化速度成比例的控制规律。

从式(8-12)中可以看出：微分输出只与偏差的变化速度有关，与偏差是否存在无关。

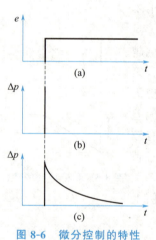

图 8-6 微分控制的特性

偏差的变化越大，则微分控制作用越大。如果微分控制器的输入为固定偏差，则不管它多大，只要不变化，则输出为 0，即没有控制作用，这是纯微分作用的特点。如果输入一个阶跃信号，就会出现图 8-6(b) 所示的输出，即输入变化的瞬间，输出趋于无穷大，在这以后，由于输入变化不存在，输出变化立即降为 0。这样的输出，既无法实现，也没有实际意义，故式(8-12)为理想微分作用。

实际的微分作用如图 8-6(c) 所示，在阶跃信号输入时，输入突然上升，然后逐渐下降到零，只是一个近似的微分作用。

由于微分作用是根据偏差的变化速度来控制的，在扰动作用的瞬间，尽管开始偏差很小，但如果它的变化速度较快，微分作用就有较大的输出，它的作用较之比例作用还要及时，还要大，因此微分作用具有一种抓住"苗头"预先控制的性质，这是一种"超前"控制。

2. 比例微分控制规律

实际的微分控制器由两部分组成：比例作用和近似的微分作用，而比例度（$\delta = 100\%$）是不变的，其控制规律的表达式为

$$\Delta p = \Delta p_P + \Delta p_D = \frac{1}{\delta}\left(e + T_D \frac{\mathrm{d}e}{\mathrm{d}t}\right) \tag{8-13}$$

比例微分控制规律是利用比例控制较稳定、微分控制有超前作用的特点，是两种控制规律的结合。

3. 比例积分微分控制

将比例、积分、微分三种作用结合起来，称为比例积分微分控制，习惯上用 PID 表示，其数学表达式为

$$\Delta p = \frac{1}{\delta}\left(e + \frac{1}{T_I}\int e\,dt + T_D\frac{de}{dt}\right) \tag{8-14}$$

当有一个阶跃偏差信号输入时，PID 控制器的输出信号等于比例、积分和微分作用三部分之和。在输入阶跃信号后，微分作用立即变化，比例也同时起作用使输出信号发生突然的大幅度变化。接着随时间的累积，积分作用就越来越大，逐渐起主导作用。若偏差不消除，则积分作用可使输出变到最大（或最小），直至余差消除，积分才不再变化，而比例作用一直是基本作用。

在 PID 控制中，有三个参数，就是比例度 δ，积分时间 T_I，微分时间 T_D，适当组合这三个参数可以获得良好的控制品质。

PID 控制器综合了各类控制器的优点，因此具有较好的控制性能。但并不意味着在任何条件下，采用这种控制器都是合适的。关于以上基本控制规律如何实现、如何选择及其对控制质量的影响，将在以后章节中再讨论。

第二节 控制器类型

控制器是将被控变量测量值与设定值比较后产生的偏差进行一定的 PID 运算，并将运算结果以一定信号形式送往执行器，以实现对被控变量的自动控制。控制器可分为模拟式控制器和数字式控制器。

一、DDZ-Ⅲ型模拟控制器

DDZ-Ⅲ型模拟控制器具有 PID 运算、偏差指示、正反作用切换、内外给定切换（产生内外给定信号）、手动/自动双向切换和阀位显示等功能。

1. 操作界面

如图 8-7 所示是全刻度指示型 DTL-3110 基型控制器的正面示意图。各部分的名称及具体作用如下。

1—自动/软手动/硬手动切换开关，用于选择控制器的工作状态。

2—设定值、测量值显示表，能在 0%～100% 的范围内分别显示设定值和测量值。

3—内设定信号的设定轮，在"内设定"状态下调整设定值。

4—输出指示器（或阀位指示器），用于指示控制器输出信号的大小。

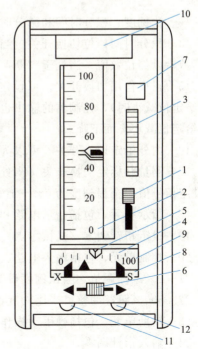

图 8-7　DTL-3110 基型控制器的正面示意图

5—硬手动操作杆，当控制器处于"硬手动"工作状态时，移动该操作杆，能使控制器的输出迅速地改变到所需的数值（一种比例控制方式）。

6—软手动操作按键，当控制器处于"软手动"工作状态下，向左或向右按键时，控制器的输出可根据按下的轻、重，按照慢、快两种速度线性下降或上升（一种积分控制方式）。松开按键时，按键处于中间位置，控制器的输出可以长时间保持松开的值不变，即前面所说的"保持"工作状态。

7—外设定指示灯，灯亮表示控制器处于"外设定"状态。

8—阀位标志，用于标志控制阀的关闭（X）和打开（S）方向。

9—输出记忆针，用于阀位的安全开启度上下限指示。

10—位号牌，用于表明控制器的位号。当设有报警单元的控制器报警时，位号牌后面的报警指示灯点亮。

11—输入检查插孔，用于便携手动操作或数字电压表检测输入信号。

12—手动输入插孔，当控制器出现故障或需要维护时，将便携式手动操作器的输出插头插入，可以无扰动地切换到手动控制。

当将机芯从控制器的壳体中抽出时，可在机芯侧面看到以下操作部件（见图 8-8）。

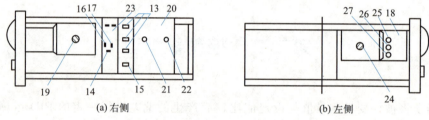

图 8-8　DTL-3110 基型控制器的机芯侧面示意图

13—比例度、积分时间和微分时间设定盘。可设定 P、I、D 参数值。

14—积分时间挡位切换开关。当处于×1 或×10 位置时，积分时间等于积分时间设定盘的读数乘以挡位数值；当处于"断"位置时，控制器切除积分作用。

15—正反作用切换开关。可设定控制器的正反作用。正作用控制器指测量信号增加时（或给定值减小时），控制器的输出也随之增加；反作用控制器则是指输出随测量信号的增加（或给定值减小）而下降。

16—内外给定切换开关。可以为控制器选择内给定信号或外给定信号。

17—测量和标定切换开关。当处于测量位置时，双针指示表头指针分别表示输入信号值和设定信号值，全程刻度为 0%～100%；当处于标定位置时，输入和设定应同时指在 50%。

18—指示单元，包括指示电路和内设定电路。

19—设定指针调零（机械零点）。

20—控制单元，包括输入电路、PID 运算电路和输出电路。

21—2% 跟踪调整，当比例度设为 2% 时调整闭环跟踪精度。

22—500% 跟踪调整，当比例度设为 500% 时调整闭环跟踪精度。

23—辅助单元，包括硬手动操作电路和各种切换开关。

24—输入指针调零。

25—输入指针量程调整。

26—设定指针量程调整。

27—标定电压调整。"标定"校验时,调整指示电路的输入信号。

2. 操作步骤

DDZ-Ⅲ型控制器的操作步骤如下。

(1) 通电前的检查与准备

① 通电前应检查电源端子是否短路以及电源极性是否正确。

② 根据工艺要求确定正反作用位置是否正确。

③ 按照控制阀的特性安放好阀位指示方向。

(2) 手动操作启动 开车投运时,一般要先进行手动遥控,待工况正常后切向自动。手动操作时可先采用软手动操作,即将切换开关置于"软手动"位置,用内给定轮设定给定值,操作软手动操作键,使输出信号(红针)尽量靠近给定值(黑针)。如果用硬手动操作,只需将切换开关置于"硬手动"位置,拨动手动操作杆,调整输出,同样使输入信号值尽可能靠近给定信号值。两种手动操作的差别在于:软手动控制较为精确;硬手动操作较为粗糙,但适合于长时间操作。

(3) 手动切换到自动状态 当手动操作达到平衡后,即当输入信号值与设定信号值一致时,就可以从手动状态切换到自动状态。

实际工作中除手动到自动切换外,还有自动到手动切换和软硬手动切换。具体操作是:①自动切换到手动有两种情况,一是从自动到软手动(R)可以直接切换;二是从自动切换到硬手动(Y)时,必须先调整硬手动操作杆,使其与软手动时的输出值一致后才可以切换。②两种手动之间的切换也有两种情况,一是从硬手动到软手动可以直接切换;二是从软手动到硬手动也要先平衡后再切换,即要调整硬手动操作杆,使其与软手动时的输出值一致。总结一句话就是:凡是切换到"硬手动"的操作均要先进行平衡再切换,而其他的切换均可直接进行。

> **知识链接**
>
> 当控制器由"软手动"状态切换到"硬手动"状态时,其输出值将由原来的某一数值很快变到硬手动电位器所确定的数值。因此,要获得这一过程的无扰切换,必须是在切换前调整手动电位器,使其与当时控制器的输出值一致,经过这一平衡手续后,才能保证切换时不发生扰动。当控制器由"硬手动"状态切换到"软手动"状态时,由于切换后放大器成为保持状态,保持切换前硬手动输出值,所以切换时无扰动。

二、数字式控制器

数字式控制器以微处理器为核心,具有丰富的运算控制功能和数字通信功能、灵活方便的操作手段、形象直观的数字和图形显示和高度的安全可靠性,可以更有效地控制和管理生产过程。因此,数字式控制器一经问世,便受到了广大用户的欢迎,目前在工业过程中的应用也越来越广泛。

1. 硬件组成

图8-9为数字式控制器的硬件构成,主要由主机电路(CPU、存储器、I/O)、过程输入

通道、过程输出通道、人机接口电路和通信接口电路组成。

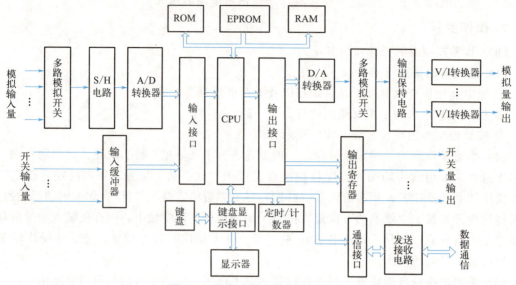

图 8-9　数字式控制器的硬件构成

(1) 主机　主机是整个数字式控制器的核心，由 CPU、ROM、RAM、EPROM、定时（器）/计数器和相关 I/O 接口电路组成。主机存储程序和执行程序，以配合其他硬件完成控制器的各种预定功能，并能实现功能协调以及控制规律的计算等。

(2) 过程输入通道　过程输入通道是计算机与生产过程之间的纽带，是数字控制装置区别于其他用作计算或管理的一般计算机的重要特征。过程输入通道包括模拟量输入通道和开关量输入通道。模拟量输入通道将来自变送器的标准电流或电压信号分别转换为 CPU 所接受的数字量。开关量输入通道将多个开关输入信号转换成能被计算机识别的数字信号。开关量是指控制系统中电接点的"通"或"断"，或者是逻辑电平的"1"或"0"状态。过程控制系统中的各种按钮开关、接近开关、物位开关、继电器的触点的接通与断开以及逻辑器件输出的高电平和低电平，都是开关量。

(3) 过程输出通道　包括模拟量输出通道和开关量输出通道，模拟量输出通道一次将多个运算处理后的数字信号进行 D/A 转换，输出模拟电压或电流，驱动执行器。开关量输出通道通过锁存器输出开关量（包括数字、脉冲量）信号，以便控制继电器触点和无触点开关的"通"或"断"，也可控制步进电机的运转，可实现现场工艺设备的直接控制。

(4) 人机接口电路　数字式控制器人机接口电路包括表盘上的数码显示及各功能键盘接口电路。有些数字式控制器中还附带有后备手操器，当调节器发生故障时，可用手操器来改变输出电流进行遥控操作。通信接口电路用于与上位机的通信或与其他数字设备的通信，通过数字通信，上位计算机可以实现对现场各种数字式仪表的通信，实现对生产工艺的最佳控制。

2. 软件组成

数字式控制器的运算调节功能是通过软件实现的，其软件可分为系统程序和用户程序。

(1) 系统程序　系统程序主要包括监控程序和中断处理程序两部分，是控制器软件的主体，各程序模块组成及功能如图 8-10 所示。这些程序除提供组态及监控功能外，还使数字式控制器具有一定的自诊断功能，能及时发现故障，采取保护措施。

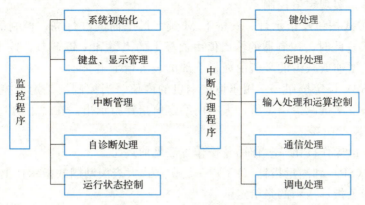

图 8-10　数字式控制器系统程序组成

（2）用户程序　用户程序是由用户自行编制的，采用模块软件组态来实现。可编程式数字控制器内部存储器中有许多控制和运算功能，使用者只要具备一般的仪表知识和控制系统知识，就可以根据系统需要实现的功能，方便地选择功能软件包，进行功能自由组合，即系统组态。

三、KMM 可编程调节器

KMM 可编程调节器是日本山武-霍尼韦尔公司 DK 系列仪表中的一个主要品种。可以接收 5 个模拟输入信号 [1～5V(DC)]，4 个数字信号。输出 3 个模拟信号 [1～5V(DC)]，其中一个可以为 4～20mA(DC)；输出 3 个数字信号。KMM 控制器有 45 个运算模块和控制模块，用户根据需要选用部分模块进行组态，可以实现各种运算处理和复杂控制。除了 PID 控制功能外，还可以实现串级控制、比值控制、前馈控制、选择控制、自适应控制和非线性控制等。

1. 操作面板介绍

图 8-11 是 KMM 可编程调节器的正面面板示意图。各部件的功能及其操作方法如下。

① 上、下限报警灯——用于被控变量的上限和下限报警，越限时灯亮。

② 仪表异常指示灯——灯亮表示控制器发生异常，此时内部的 CPU 停止工作，控制器转到"后备手操"运行方式。在异常状态下，各指针的示值均无效。

③ 通信指示灯——灯亮表示该控制器正在与上位系统通信。

④ 联锁状态指示灯及复位按钮——灯常亮，表示控制器已进入联锁状态。

有三种情况可进入该状态：一是控制器处于初始化方式；二是有外部联锁信号输入（灯闪亮）；三是控制器的自诊断功能检查出某种异常情况。一旦进入联锁状态，即使导致进入状态的原因已经消除，控制器仍然不能脱离联锁状态，只能进行手动操作。要转变为其他操作方式，必须按下复位按钮 R，使联锁指示灯熄灭才行。

⑤ 串级运行方式按钮及指示灯——按下 C 键，键上面的橙色指示灯亮，控制器进入"串级"（CAS）运行方式，由第一个 PID1 运算单元（控制器内有两个运算单元）的输出值或外来的设定值作为第二个 PID2 运算单元的目标值，进行运算控制。

⑥ 自动运行方式按钮及指示灯——按下 A 键，键上面的绿色指示灯亮，控制器进入"自动"（AUTO）运行方式。此时，控制器内的 PID 运算单元以面板上给定值设定按钮所设定的值进行运算，实现定值控制。

⑦ 手动运行方式按钮及指示灯——按下 M 键，键上面的红灯亮，控制器进入"手动"（MAM）运行方式。此时，控制器的输出值由面板上的↑键和↓键调节，按↑键输出增加；按↓键输出减少。增加或减少的数值由面板下部的表头指示出。

⑧ 给定值（SP）设定按钮——用于设定本机的内值。当控制器是定值控制时，按下▲键增加给定值，按下▼键减少给定值，大小由给定值指针指示出。在"手动"方式时，不能对 SP 值进行设定。

⑨ （手动）输出操作按钮——作用及操作方法见前述⑦。

⑩ 给定指针（SP）和测量指针（PV）——在立式大表头动圈式指示计上，红色指针指示的是测量值；绿色指针指示的是给定值。

⑪ 输出指针（MV）——在面板下部的卧式小表头动圈指示计上，在 0%～100% 范围内指示的是控制器的输出值；对应 4～20mA(DC)。

⑫ 备忘指针——这是两只黑色指针，它们分别给出正常时的测量值和设定值。

⑬ 标牌——用于书写仪表的表号、位号或特征号。

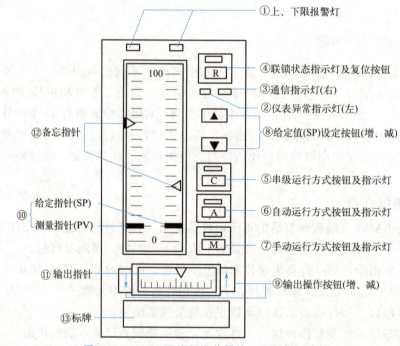

图 8-11　KMM 可编程调节器的正面面板示意图

另外，如图 8-12 所示，在 KMM 控制器机芯的右侧面，还有许多功能开关和重要的操作部件。如用于人机对话的数据设定器（可自由装卸，以便多台控制器使用）；用来设定正面板上 PV、SP 指示表的具体指示内容，PID 控制的正、反作用的切换，显示切换，允许数据输入，赋初值等几个辅助开关；还有当控制器的自诊断功能检测出严重故障时，用来代替控制器工作的备用手操器等。

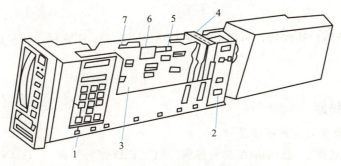

图 8-12 KMM 控制器机芯的右侧面

1—数据设定器（任选）；2—备用手操器；3—辅助开关；
4—电源单元；5—BUF 板（前）；6—IoC 板（中）；7—CPU 板（后）

2. KMM 控制器的操作

参见图 8-11。

(1) 准备 在内部装备有"后备手操单元"的场合，应先将此单元上的"后备/正常"（STANDBY/NORMAL）开关拨到"正常"（NORMAL）侧。在使用"预置"型后备手操单元时，还要将此单元上的手操旋钮调到预定好的输出值上。

通电后，控制器即处于"联锁手动"方式（IM 方式），这时应当用"数据设定器"来检查，确认一下运行所必需的控制数据、可变参数等是否设定合适（必要时，可以更改）。确认无误后，按 R 键，解除"联锁"状态，进入由方式设定的通常运行状态。

(2) 正常运行方式 正常运行方式分下述几种情况。

① 手动方式：按 M 键即进入"手动"运行方式，MAN 灯亮，此时，控制器的输出值由面板前的 ↓、↑ 按键改变。

② 自动方式：按 A 键即进入"自动"运行方式，AUTO 灯亮，此时，控制器内 PID 运算单元以面板上设定值按键 ▲、▼ 所设定的值来运算，实现定值控制。

③ 串级方式：按 C 键即进入"串级"运行方式，CAS 灯亮，此时，控制器以 PID1 的输出值或外来设定值作为 PID2 运算单元的目标值来进行 PID 控制，PID2 是随动控制。

④ 跟踪方式：这时控制器本身的 PID 运算及手动操作均无效，其输出由外部的跟踪信号决定。

要切换到跟踪方式需要加一个切换信号。切换信号是外部来的接点信号或控制器内部的"通/断"（ON/OFF）型数据。切换后，原状态灯闪烁。解除跟踪状态后，灯恢复常态。

(3) 非正常运行方式 非正常运行方式为控制器或控制系统故障时的运行状态，包括联锁手动方式（IM）和后备方式（S）。

① 联锁手动方式（IM）：控制器正常运行时，如果自诊断出内部轻故障（模拟量输入超限、运算溢出、控制器过载等）或从外部输入联锁状态，则切换到联锁手动方式；前者面板上 R 灯亮，后者 R 灯闪烁；故障解除后应按 R 键，才能变成手动方式，否则，不能切换到其他状态上去。控制器初次通电时也进入 IM 方式。

② 后备方式（S）：自诊断出重故障（控制器硬件或软件异常）时，不论此时控制器处于何种运行方式，均会切换到后备方式，此时面板上的 CPU·F 灯亮。

在后备方式（S）下，可用后备手动单元进行手动操作，有两种方式，具体方法在前面已介绍过。

异常原因（故障）消除后，再通电，进入 IM 方式，按 R 键后，恢复正常。

知识巩固

一、单项选择题

1. 控制仪表常见的控制规律是（　　）。
   A. 加法控制规律　　B. DMA 控制规律　　C. PID 控制规律　　D. NTFS 控制规律
2. 积分调节的作用是（　　）。
   A. 消除余差　　B. 及时有力　　C. 超前　　D. 以上三个均对
3. 控制系统中 PI 调节是指（　　）。
   A. 比例积分调节　　B. 比例微分调节　　C. 积分微分调节　　D. 比例调节
4. 在自动控制系统中，用（　　）控制器可以达到无余差。
   A. 比例　　B. 双位　　C. 积分　　D. 微分
5. 以下哪个不是常见的控制规律（　　）。
   A. PID　　B. PD　　C. PI　　D. FCS
6. 纯比例控制作用下，比例度为（　　）时的控制作用最强。
   A. 30%　　B. 40%　　C. 50%　　D. 20%
7. 当被控变量为反应釜温度时，控制器应选择（　　）控制规律。
   A. P　　B. PI　　C. PD　　D. PID
8. 在自动控制系统中，仪表之间的信息传递都采用统一的国际统一标准信号，它的范围是（　　）。
   A. 0～10mA　　B. 4～20mA　　C. 0～10V　　D. 0～5V
9. 在控制系统中，控制器不具备的功能是（　　）。
   A. 被控变量检测　　B. 偏差指示　　C. PID 运算　　D. 输出显示

二、判断题

1. 调节器正作用是指正偏差增加，调节器输出却减少。（　　）
2. 克服余差的办法是在比例控制的基础上加上微分控制作用。（　　）

三、简答题

1. 什么是控制器的控制规律？控制器有哪些基本控制规律？
2. 试分析比例、积分、微分控制规律各自的特点。

第九章 执行器

学习引导

执行器适用于化工、石化、模具、食品、医药、包装等行业的生产过程控制,按照既定的逻辑指令或计算机程序对工具、阀门、管道、挡板、滑槽、平台等进行准确定位、启动、停止、开启和关闭等。利用温度、压力、流量、尺寸、辐射、亮度、色度、粗糙度和密度等实时参数对系统进行调整,以控制间歇、连续、循环加工过程。

本章将着重学习执行器的分类、基本结构、作用、安装和维护。

学习目标

(1) 知识目标 了解阀门定位器的作用;熟悉气动、电动执行器的应用;掌握执行器的结构、工作原理和分类。

(2) 能力目标 能对执行器进行简单的拆装;能正确安装、使用执行器;能进行气动执行器的校验。

(3) 素质目标 培养团结协作能力、踏实的工作作风。

执行器是自动控制系统中必不可少的一个重要组成部分。执行器一般指阀门,它的作用是接受控制器送来的控制信号,改变调节介质的大小,从而将被控变量维持在所要求的数值上或一定的范围内。执行器按其能源形式可分为气动、液动、电动三大类。气动执行器用压缩空气作为能源,其特点是结构简单、动作可靠、平稳、输出推力较大、维修方便、防火防爆,而且价格较低,因此广泛地应用于化工、造纸、炼油等生产过程中,它可以方便地与自动仪表配套使用。即使是使用电动仪表或计算机控制时,只要经过电-气转换器或电-气阀门定位器将电信号转换为 20~100kPa 的标准气压信号,仍然可用气动执行器。电动执行器的能源取用方便,信号传递迅速,但结构复杂、防爆性能差。液动执行器的特点是输出推力很大,在化工、炼油等生产过程中基本上不使用。

第一节 气动执行器

一、气动执行器结构与分类

1. 结构

气动调节阀由执行(驱动)机构和控制/调节机构(阀门)两部分组成。执行机构是驱动装置，它是将信号压力（变化）转换为阀杆位移（变化）的装置。控制/调节机构是阀门，它将阀杆位移转换为流通面积（大小）变化。图 9-1 所示的气动薄膜控制阀就是一种典型的气动执行器。

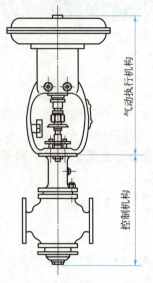

图 9-1　气动薄膜控制阀外形图

 气动执行器　　 薄膜执行机构　　 气动活塞执行机构

2. 气动执行机构的分类

执行机构按控制器输出的控制信号，驱动调节机构动作。气动执行机构主要有薄膜式和活塞式两种，其次还有长行程执行机构和滚筒膜片执行机构等。它的输出方式主要有角行程和直行程两种。

3. 控制阀（调节机构）的分类

控制阀是一个局部阻力可以改变的节流元件，按信号压力的大小，通过改变阀芯与阀座之间的流通面积来改变阀的阻力系数，使得被控介质的流量相应改变，从而达到控制工艺参数的目的。

根据不同的使用要求和条件，阀门的结构形式有多种，主要有以下几类，如图 9-2 所示。

直通单座阀

(1) 直通单座阀　直通单座阀如图 9-2(a) 所示，所谓单座是指阀体内只有一个阀芯和一个阀座。其特点是结构简单、泄漏量小（甚至可以完全切断）和允许压差小。因此，它适用于要求泄漏量小，工作压差较小的干净介质的场合。在应用中应特别注意其允许压差，防止阀门关不死。

(2) 直通双座阀　直通双座（调节）阀如图 9-2(b) 所示，其阀体内有两个阀芯和阀座。它与同口径的单座阀相比，流通能力约大 20%～25%。因为流体对上、下两阀芯上的作用力可以相互抵消，但上、下两阀芯不易同时关闭，因此双座阀具有允许压差大、泄漏量较大的特点。故适用于阀两端压差较大，泄漏量要求不高的干净介质场合，不适用于高黏度和含纤维的场合。

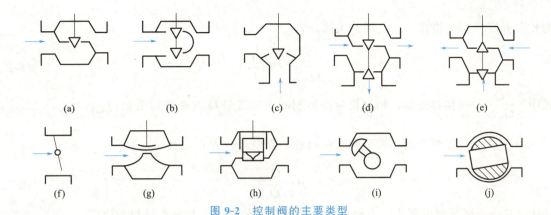

图 9-2 控制阀的主要类型

(3) 角形阀 角形（调节）阀如图 9-2(c) 所示，其阀体为直角形，其流路简单，浮力小，适用于高压差、高黏度、含悬浮物和颗粒状物料流量的控制。一般使用于底进侧出，此种调节阀稳定性较好。在高压场合下，为了延长阀芯使用寿命，可采用侧进底出，在小开度才容易发生振荡。

角形阀

(4) 三通阀 三通阀如图 9-2(d)、(e) 所示，有三个出/入口与工艺管道连接。流通方式有分流型（一种流入介质分成两路输出）和合流型（两种流入介质混合成一路流出）两种。适用于旁路控制与配比控制。

(5) 蝶阀 蝶阀如图 9-2(f) 所示，又名翻板阀。结构简单、流阻极小，但关闭时泄漏量大。适用于大口径、大流量、低压差的场合，大多用于开关控制。蝶阀在石油、煤气、化工、水处理等工业上得到广泛应用。

蝶阀

(6) 隔膜阀 隔膜阀如图 9-2(g) 所示，采用耐腐蚀材料作隔膜，将阀芯与流体介质隔开。其特点是：耐腐蚀、结构简单、流阻小、流通能力比同口径的其他阀大。用隔膜将流体与阀芯、阀体隔离，泄漏非常小。

隔膜阀

(7) 笼式(套筒)阀 笼式阀如图 9-2(h) 所示，内有一个圆柱形（笼状）套筒。套筒壁上有一个或几个不同形状的孔（窗口），利用套筒导向，阀芯在套筒内上下移动，改变阀的节流面积。可调比大，不平衡力小，更换开孔不同的套筒，就可得到不同的流量特性。不适用于高黏度或带有悬浮物（容易造成堵塞）的介质流量控制。

凸轮挠曲阀

(8) 凸轮挠曲阀 凸轮挠曲阀如图 9-2(i) 所示，又名偏心旋转阀。其阀芯呈球面状，与挠曲臂及轴套一起铸成，固定在转动轴上（此阀属快开型、球阀属快关型）。阀芯球面与阀座密封圈紧密接触，密封性好，适用于高黏度或带有悬浮物的介质流量控制。

(9) 球阀 球阀如图 9-2(j) 所示，阀芯（球体）与阀体（球形腔体）都呈球形，阀芯内开孔。转动阀芯使之与阀体处于不同的相对位置时，流通孔道口的流通面积不同。控制过程流量变化较快，可起切断阀作用，常用于双位式（通/断）控制。

二、控制阀的流量特性

控制阀（下文也称调节阀）的流量特性是指被控介质流过阀门的相对流量 $\dfrac{Q}{Q_{\max}}$ 与阀门

的相对开度（相对位移）$\dfrac{l}{L}$之间的关系，即

$$\dfrac{Q}{Q_{\max}}=f\left(\dfrac{l}{L}\right) \tag{9-1}$$

式中　$\dfrac{Q}{Q_{\max}}$——相对流量，相对流量是控制阀实际流量 Q 与全开时流量 $Q_{\max}$ 之比；

　　　$\dfrac{l}{L}$——相对开度，调节阀实际行程 l 与全开行程 L 之比。

$$R=\dfrac{Q_{\max}}{Q_{\min}} \tag{9-2}$$

式中　R——调节阀可调比，为调节阀所能控制的最大流量与最小流量的比值。

其中，$Q_{\min}$ 不是指阀门全关时的泄漏量，而是指阀门按照流量特性能进行连续平稳控制的最小流量，一般约为最大流量 $Q_{\max}$ 的 2%～4%，国产阀门的可调比一般为 $R=30$。

调节阀流量特性不仅与阀门结构和开度有关，还与阀前后的压差有关，下面分两种情况进行讨论。为了工程上分析方便，先在阀前后压差固定情况下，确定调节阀的固有流量特性；然后再延伸到阀前后压差变化的实际工况，确定调节阀工作流量特性。

1. 调节阀固有（理想）流量特性

将控制阀前后压差固定时得到的流量特性称为固有流量特性，它取决于阀芯的形状。常用流量特性：直线特性、等百分比（对数）特性、快开特性，如图 9-3。

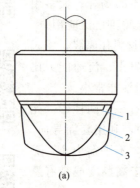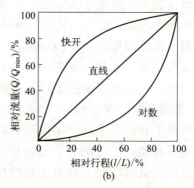

图 9-3　控制阀固有流量特性

1—快开；2—直线；3—对数

(1) 直线流量特性　调节阀的相对流量 $\dfrac{Q}{Q_{\max}}$ 与相对开度 $\dfrac{l}{L}$ 成直线关系，即单位位移变化所引起的流量变化是常数。用数学式表示为：

$$\dfrac{Q}{Q_{\max}}=\left(1-\dfrac{1}{R}\right)\dfrac{l}{L}+\dfrac{1}{R} \tag{9-3}$$

直线阀的流量放大系数在任何一点上都是相同的，但其对流量的控制力却是不同的。控制力：阀门开度改变时，相对流量的改变比值（%）。

例如直线阀，在不同开度（点）上，再分别增加 10% 开度，相对流量的变化为：

开度 10% 时　　[(20－10)/10]×100%＝100%；

开度 50% 时　　[(60－50)/50]×100%＝20%；

开度 80％时　［(90－80)/80］×100％＝12.5％。

(2) 等百分比（对数）流量特性　单位相对行程变化 $\frac{l}{L}$ 所引起的相对流量变化 $\frac{Q}{Q_{max}}$ 与此点的相对流量成正比关系。控制阀的放大系数随行程的增大而增大。流量小时，流量变化小，控制平稳缓和；流量大时，流量变化大，控制灵敏有效。等百分比阀在各流量点的放大系数不同，但对流量的控制力却是相同的。

$$\frac{Q}{Q_{max}} = R^{(\frac{l}{L}-1)} \tag{9-4}$$

(3) 快开特性　随开度的增大，流量迅速增大，很快就达到最大，故称为快开特性。适用于迅速启闭的切断阀或双位控制系统。

(4) 其他流量特性　其他针对特殊需求的流量特性，如抛物线特性，介于直线和对数曲线之间，实际工程使用较少（只在特殊情况下使用）。

2. 调节阀工作流量特性

调节阀装在具有阻力的实际管道中，管道对流体的阻力随流量大小变化，阀前后（剩余）压（力）差也会发生变化，使调节阀固有流量特性发生畸变，控制质量发生变化。调节阀的工作流量特性有以下特点：

① 调节阀与管道串、并联都会使阀的理想流量特性发生畸变，串联的影响尤为严重。
② 调节阀与管道串、并联都会使阀的可调范围降低，并联尤其严重。
③ 串联管道使系统总流量减少，并联管道使系统总流量增加。
④ 串、并联管道会使调节阀的放大系数减小，即输入信号变化引起的流量变化值减小。

第二节　阀门定位器

阀门定位器，是执行器的主要附件，通常与气动调节阀配套使用，它接受控制器的输出信号，然后以它的输出信号去控制气动执行器，当执行器动作后，阀杆的位移又通过机械装置反馈到阀门定位器，阀位状况通过电信号传给上位系统。

一、阀门定位器的作用

① 可以提高调节阀的定位精确及可靠性。
② 用于阀门两端压差大（$\Delta p > 1MPa$）的场合，通过提高气源压力增大执行机构的输出力，以克服液体对阀芯产生的不平衡力，减小行程误差。
③ 当被调介质为高温、高压、低温、有毒、易燃、易爆时，为了防止对外泄漏，往往将填料压得很紧，因此阀杆与填料间的摩擦力较大，此时用定位器可克服时滞。
④ 被调介质为黏性流体或含有固体悬浮物时，用定位器可以克服介质对阀杆移动的阻力。
⑤ 用于大口径（$D_g > 100mm$）的调节阀，以增大执行机构的输出推力。
⑥ 当调节器与执行器距离在 60m 以上时，用定位器可克服控制信号的传递滞后，改善阀门的动作反应速度。

⑦ 用来改善调节阀的流量特性。

⑧ 一个调节器控制两个执行器实行分程控制时，可用两个定位器，分别接受低输入信号和高输入信号，则一个执行器低程动作，另一个高程动作，即构成了分程调节。

二、阀门定位器的工作原理

目前常用电-气阀门定位器（如图 9-4 所示）和智能式阀门定位器。

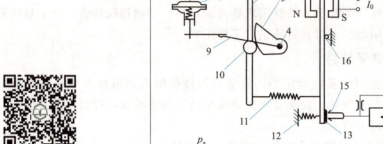

电-气阀门定位器

图 9-4　电-气阀门定位器原理

1—力矩马达；2—主杠杆；3—迁移弹簧；4—支点；5—反馈凸轮；6—副杠杆；
7—副杠杆支点；8—气动执行机构；9—反馈杆；10—滚轮；11—反馈弹簧；
12—调零弹簧；13—挡板；14—气动放大器；15—喷嘴；16—主杠杆支点

1. 电-气阀门定位器

如图 9-4 所示，当输入信号电流通入力矩马达 1 的电磁线圈时，它受永久磁钢作用后，对主杠杆产生一个力矩，于是挡板靠近喷嘴，经放大器放大后，送入薄膜气室使杠杆向下移动，并带动反馈杆绕其支点 4 转动，连同反馈凸轮做逆时针运动，通过滚轮使副杠杆 6 偏转，拉伸反馈弹簧。当反馈弹簧对主杠杆的拉力与力矩马达作用在主杠杆上的力两者平衡时，仪表达到平衡状态，此时，一定的信号压力就对应于一定的阀杆位移，即对应于一定的阀门开度。

采用电-气阀门定位器后，可用电动控制器输出的 0~10mA 或 4~20mA（直流）电流信号去操作气动执行机构。一台电-气阀门定位器同时具有电-气转换器和气动阀门定位器两个作用。

2. 智能式阀门定位器

如图 9-5 所示，信号调理部分将输入信号和阀位反馈信号转换为微处理机所能接收的数字信号后送入微处理机，微处理机将这两个数字信号按照预先设定的特性关系进行比较，判断阀门开度是否与输入信号相对应，并输出控制电信号至电气转换控制部分；电气转换控制部分将这一信号转换为气压信号送至气动执行机构，推动调节机构动作；阀位检测反馈装置检测执行机构的阀杆位移并将其转换为电信号反馈到阀门定位器的信号调理部分。

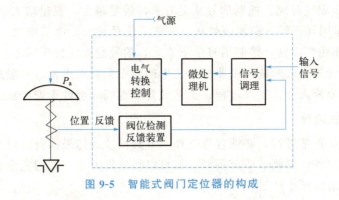

图 9-5　智能式阀门定位器的构成

第三节　执行器的选择与安装

一、执行器的选择

执行器选用的正确与否是很重要的。选用执行器时，一般要根据被控介质的特点（温度、压力、腐蚀性、黏度等）、控制要求、安装地点等因素，参考各种类型执行器的特点合理选用。选用时，一般应考虑以下几个主要方面的问题。

1. 执行器结构选择与特性选择

通常根据工艺需要和使用条件，如介质温度、压力，介质物理、化学特性（如黏度、腐蚀性等），以及对介质流量的控制要求等，选择调节阀的结构形式。一般介质条件下，可选用直通单座阀或直通双座阀；高压介质选用高压阀；强腐蚀介质采用隔膜阀等。

执行器的流量特性目前使用较多的是等百分比流量特性。

2. 气开与气关工作方式选择

无压力信号时阀门全开，随着信号增大，阀门逐渐关小的执行器为气关式；反之，无压力信号时阀全闭，随着信号增大，阀门逐渐开大的执行器为气开式。气动薄膜调节阀气开与气关作用形式示意图如图 9-6 所示。

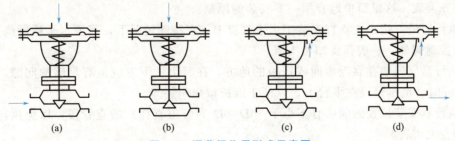

图 9-6　调节阀作用形式示意图

执行器作用形式分为以下四种。

图 9-6（a）正作用气关阀：控制信号从上方来，信号越大，流量减小。

图 9-6(b) 正作用气开阀：控制信号从上方来，信号越大，流量增大。

图 9-6(c) 反作用气开阀：控制信号从下方来，信号越大，流量增大。

图 9-6(d) 反作用气关阀：控制信号从下方来，信号越大，流量减小。

执行器气开、气关方式的选择主要从工艺生产的安全要求出发，一般原则是：当控制信号中断时，调节阀能使人员、生产过程、工艺设备和现场环境处于安全状态。

3. 执行器口径选择

为保证工艺操作正常进行，必须合理选择调节阀尺寸。如果执行器口径选得太大，阀门经常工作在小开度位置，则调节质量不好。如果口径选得太小，阀门完全打开也不能满足最大流量需要，则无法保证生产过程正常进行。

执行器的流通能力用流量系数 K_V 值表示。流量系数 K_V 的定义：在调节阀两端压差为 100kPa、流体为水（密度为 1000kg/m³）的条件下，阀门全开时每小时流过调节阀的体积流量（m³/h）。实际应用中阀门两端压差不一定是 100kPa，流经阀门的流体也不一定是水，因此必须进行换算。

(1) 液体调节阀流量系数 K_V 值　可用公式(9-5)计算

$$K_V = Q\sqrt{\frac{\rho}{10\Delta p}} \tag{9-5}$$

式中　ρ——流体密度，kg/m³；

　　　Δp——阀前后的压差，kPa；

　　　Q——流经阀的流量，m³/h。

(2) 气体、蒸汽调节阀流量系数 K_V 值计算　气体、蒸汽都具有可压缩性，对应调节阀 K_V 值必须考虑气体可压缩性和（气液）二相流问题，计算时进行相应的修正。

$$K_V = KQ\sqrt{\frac{\rho}{10\Delta p}} \tag{9-6}$$

式中　K——修正系数。

根据实际的工艺流量和管道压力换算出 K_V 值后，查阀门手册确定口径。

二、执行器的安装和维护

1. 执行器的安装

执行器应安装在便于调整、检查和拆卸的地方。在保证安全生产的同时也应该考虑节约投资、整齐美观。这里简单地介绍一下安装的原则：

① 执行器最好是正立垂直安装于水平管道上。在特殊情况下，需要水平或倾斜安装时，除小口径控制阀外，一般都要加装支撑。

② 执行器应安装在靠近地面或楼板的地方，在其上、下方应留有足够的间隙，管道标高大于 2m 时，应尽量设在平台上，以便于维护检修和装卸。

③ 执行器安装位置的前后有不小于 10D（D 为管道直径）的直管段，以免执行器的工作特性畸变太厉害。

④ 执行器安装在管道上时，阀体上的箭头方向与管道中流体流动方向应相同，如果执行器的口径与管道的管径不同时，两者之间应加一个渐缩管来连接。

⑤ 为防止执行机构的连膜老化，执行器应尽量安装在远离高温、震动、有毒及腐蚀严

重的场地。

⑥ 当生产现场有检测仪表时，执行器应尽量与其靠近，以利于调整。在不采用阀门定位器时，建议在膜头上装一个小压力表，以显示控制器的信号压力。

⑦ 从安全角度考虑，执行器应加旁通管路，并装有切断阀及旁路阀，以便在执行器发生故障或维修时，通过旁路使生产过程继续进行。

2. 执行器的维护

执行器的正常工作与维护检修有很大关系。日常维护工作主要是观察执行器的工作状态，使填料密封部分保持良好的润滑状态。定期检查能够及时发现问题并更换零件。

即学即练

试问调节阀的结构有哪些主要类型？各使用在什么场合？

技能训练五　气动执行器（调节阀）的认识及操作

一、实训目的

① 了解气动执行器的动作过程。
② 了解气动执行器的调校方法。
③ 熟悉气动执行器的结构原理。
④ 掌握误差和精度的计算方法。

二、实训设备

实训设备见表 9-1。

表 9-1　实训设备

序号	名称	型号	数量	备注
1	气动单座调节阀	HTS DN50	1	
2	空气压缩机	FA750	1	
3	电流(信号)发生器	ZT-03C	1	
4	电源	220V(AC)	1	
5	实训导线	3号	若干	
6	螺丝刀	十字	1	

三、实训任务及实训装置图

实训任务见表 9-2。

表 9-2　实训任务

任务一	气动执行器(调节阀)的结构原理
任务二	电流(信号)发生器的使用

续表

任务三	气动执行器（调节阀）的零点调校方法
任务四	气动执行器（调节阀）的量程调校
任务五	气动执行器（调节阀）的上、下行程校验
任务六	误差计算和精度计算
任务七	填写校验单

实训装置图如图9-7所示。

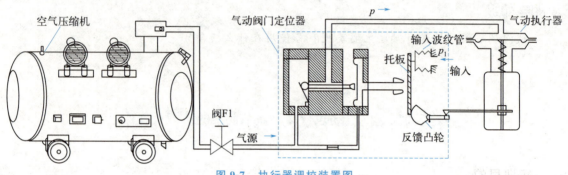

图9-7 执行器调校装置图

四、实训步骤

① 启动空气压缩机，检查气源管线是否正常，有无严重泄漏。

② 执行器调校装置如图9-7所示。按照图9-8所示，正确连接阀门定位器外接线与电流（信号）发生器。

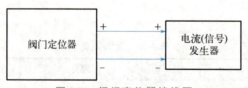

图9-8 阀门定位器接线图

③ 零点调整：将空气压缩机、电流发生器通电，待气动调节阀气源压力达到正常值（大于140kPa），当阀门为正作用气开阀时，调节电流发生器输出为4mA，观察对应标尺阀位是否为0%，若不在零位，则调节阀门定位器的调零旋钮，直至阀位为零。当阀门为反作用气开阀时，调节电流发生器输出为20mA，观察对应标尺阀位是否为0%，若不在零位，则调节阀门定位器的调零旋钮，直至阀位为零。

④ 量程调整：当阀门为正作用气开阀时，调节电流发生器输出为20mA，观察对应标尺阀位是否为100%，若不在最大位置，则调节阀门定位器的调量程弹簧，直至阀门为全开。当阀门为反作用气开阀时，调节电流发生器输出为4mA，观察对应标尺阀位是否为100%，若不在最大位置，则调节阀门定位器的调量程弹簧，直至阀门为全开。

⑤ 重复步骤③、④，直到零点和满量程与标尺对应为止。

⑥ 调节阀的上、下行程校验：采用五点校验法，即上行时，电流（信号）发生器输出

按照 4mA、8mA、12mA、16mA、20mA 时，记录对应数据填写下表；反之为下行，注意记录数据的顺序。

⑦ 误差计算和精度计算：利用计算误差和精度的公式，计算误差和精度。

$$绝对误差＝测量值－真实值；精度＝绝对误差/量程\times100\%$$

⑧ 填写校验单：将调节阀的基本信息填入校验单，然后将记录数据按照表格（表 9-3）填入。处理数据并得出结论。

表 9-3 实训记录数据表格

标准值		实测值（ ）				备注
输入（ ）	输出（ ）	上行	误差	下行	误差	
4mA						
8mA						
12mA						
16mA						
20mA						

五、实训作业

完成实训报告。

六、问题讨论

各组总结在操作过程中遇到的问题、原因及采取的措施。

知识巩固

一、单项选择题

1. 执行器按其能源形式可分为（   ）大类。
   A. 2　　　　　　　B. 3　　　　　　　C. 4　　　　　　　D. 5

2. 控制高黏度、带纤维、细颗粒的流体，选用（   ）调节阀最为合适。
   A. 蝶阀　　　　　　　　　　　　　B. 套筒阀
   C. 直通双座阀　　　　　　　　　　D. 偏心旋转阀

3. 调节阀的泄漏量就是（   ）。
   A. 指在规定的温度和压力下，阀全关状态的流量大小
   B. 指调节阀的最小流量
   C. 指调节阀的最大量与最小量之比
   D. 指被调介质流过阀门的相对流量与阀门相对行程之间的比值

4. 执行器为（   ）作用，阀芯为（   ）装，则该调节阀为气关阀。
   A. 正，正　　　　　B. 正，反　　　　　C. 反，正　　　　　D. 正或反，正

5. 蝶阀特别适用于（   ）场合。
   A. 低差压、大口径　　　　　　　　B. 低差压、大口径、大流量
   C. 大口径、小流量　　　　　　　　D. 高差压、小口径、小流量

6. 有酸性腐蚀介质的切断阀选用（   ）。
   A. 闸阀　　　　　　B. 隔膜阀　　　　　C. 球阀　　　　　　D. 蝶阀

7. 调节阀的气开气关形式的选择与（　　）有关。
A. 控制器　　　　　B. 管道的位置　　　　C. 工艺要求　　　　D. 生产安全
8. 在设备安全运行的工况下，能够满足气关式调节阀的是（　　）。
A. 加热炉的出口温度控制系统中的燃料油调节阀
B. 锅炉汽包的给水调节阀
C. 液体贮槽的出水阀调节阀（工艺要求液位不要过低）
D. 某贮罐的压力控制系统的入口调节阀（工艺要求贮罐压力不要过高）

二、判断题

1. 无信号压力时，气开阀处于全开位置，气关阀处于全关位置。（　　）
2. 气开气关阀的选择主要是从工艺角度出发，当系统因故障等使信号压力中断时，若阀处于全开状态才能避免损坏设备和保护操作人员，则用气关阀。（　　）
3. 调节阀按照动力源可分为气动、电动、液动；按阀芯动作形式分为直行程和角行程。（　　）

三、简答题

1. 气动调节阀主要由哪两部分组成？各起什么作用？
2. 什么叫气动调节阀的气开式与气关式？其选择原则是什么？
3. 什么叫调节阀的理想流量特性和工作流量特性？常用的调节阀理想流量特性有哪些？

第十章　简单控制系统

学习引导

音乐喷泉控制系统是综合当今国际上先进科技成果及音乐控制、程序控制、人工智能控制技术于一体的工业现场控制系统。其上位机是多媒体工业 PC 机或电脑音乐喷泉主控器，它能实现全程实时音控，自行识别乐曲旋律、节奏、乐感和音频强弱度，该系统使音乐喷泉在电脑指挥下跟随音乐旋律不断变换水型并与音乐同步。

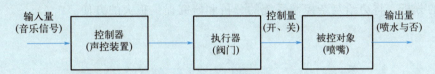

本章将着重讲解简单控制系统的组成、投运及参数整定。

学习目标

(1) 知识目标　了解过程控制系统方案设计步骤；熟悉过程控制系统方案设计的基本要求；掌握简单控制系统的组成及投运步骤。

(2) 能力目标　能够掌握简单控制系统的投运步骤；能掌握参数整定的基本方法。

(3) 素质目标　培养一丝不苟、精益求精的工匠精神；树立安全生产意识。

简单控制系统是生产过程中最常见、应用最广泛、应用数量最多的控制系统，通常是指由一个测量元件（或变送器）、一个控制器、一个执行器和一个被控对象构成的单回路闭环负反馈控制系统，因此又称单回路负反馈控制系统，如图 10-1 所示。简单控制系统的结构简单，所需的自动化装置数量少，投资低，操作维护也比较方便，而且在一般情况下都能满足控制质量的要求。因此，这种控制系统在工业生产过程中得到了广泛的应用，尤其适用于被控对象滞后和时间常数小、负荷和干扰变化比较平缓或者对象被控变量要求不太高的场合，如图 10-2 所示的液位控制系统。

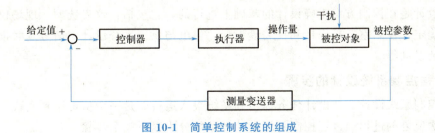

图 10-1　简单控制系统的组成

液位控制系统

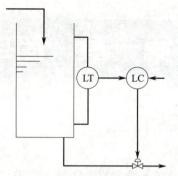
图 10-2 液位控制系统

由于简单控制系统是最基本的、应用最广泛的系统，因此，学习和研究简单控制系统的结构、原理及使用是十分必要的。同时，简单控制系统是复杂控制系统的基础，学会了简单控制系统的分析，将会给复杂控制系统的分析和研究提供很大的方便。

第一节 简单控制系统的设计

一、过程控制系统设计的基本要求、主要内容与设计步骤

1. 过程控制系统方案设计的基本要求

生产过程对过程控制系统的要求可简要归纳为安全性、稳定性和经济性三个方面。

安全性是指在整个生产过程中，过程控制系统能够确保人员与设备的安全（并兼顾环境卫生、生态保护等社会性安全要求），这是对过程控系统最重要也是最基本的要求。

稳定性是过程控制系统保证生产过程正常工作的必要条件。稳定性是指在存在一定扰动的情况下，过程控制系统能够将工艺参数控制在规定的范围内，维持设备和系统长期稳定运行，使生产过程平稳、持续进行。

经济性是指过程控制系统在提高产品质量、产量的同时，节省原材料，降低能源消耗，提高经济效益与社会效益，同时尽可能降低建设成本与运营维护费用。

2. 过程控制系统设计的主要内容

过程控制系统设计包括控制系统方案设计、工程设计、工程安装和仪表调校、控制器参数整定四个主要内容。其中控制系统方案设计是控制系统设计的核心。

工程设计是在控制方案正确设计的基础上进行的，它包括：仪表选型，现场仪表与设备安装位置确定，控制室、操作台和仪表盘设计，供电与供气系统设计，信号及联锁保护系统设计，安装设计等。

3. 过程控制系统设计的步骤

过程控制系统设计，从设计任务提出到系统投入运行，是一个从理论到实践、再从实践到理论多次反复的过程。过程控制系统设计大致可分为以下几个步骤。

(1) 熟悉和理解生产工艺对控制系统的技术要求与性能指标要求 控制系统的技术要求与性能指标一般由生产过程设计、设备制造单位或用户提出，这些技术要求与性能指标是控制系统设计的基本依据，设计者必须全面、深入地理解与掌握。技术要求与性能指标必须科学合理，切合实际。

(2) 建立被控过程的数学模型 被控过程数学模型是控制系统分析与设计的基础，建立数学模型是过程控制系统设计的第一步。在控制系统设计中，首先要解决如何用恰当数学模型来描述背后过程的动态特性的问题。只有掌握了过程的数学模型，才能深入分析被控过程的特性、选择正确的控制方案。

(3) 确定控制方案 控制方案包括控制方式选定和系统组成结构的确定，是过程控制系统设计的关键步骤。控制方案的确定既要依据被控过程的工艺特点、环境条件、动态特性、技术要求与性能指标，还要考虑生产过程的安全性、经济性和技术实施的可行性、使用与维护的简单性等因素，进行反复比较与综合评价，最终确定合理的控制方案。

(4) 控制设备选型 根据控制方案和过程特性、工艺要求、工质性质、使用环境等条件选择合适的检测变送器、控制器与执行器等。

(5) 实验（或仿真）验证 实验或仿真验证是检验系统设计正确与否的重要手段。有些在系统设计过程中难以确定和考虑的因素，可以在实验和仿真中引入，并通过实验检验系统设计的正确性，以及系统的性能指标是否满足要求。系统性能指标与功能如不能满足要求，则必须进行改进或重新设计。

二、被控参数的选择

被控参数（变量）指生产过程中希望借助自动控制保持恒定值（或按一定规律变化）的过程参数（变量）。选择被控参数是否合理，关系到生产工艺和生产过程能否达到保证安全、稳定操作、保证质量和经济效益等目的。被控参数的选择原则如下：

① 根据生产工艺的要求，找出影响生产的关键变量作为被控参数。

② 当直接工艺参数不能作为被控参数时，应选择与直接工艺参数有单值函数关系的工艺参数作为间接被控参数。

③ 被控参数必须有足够高的灵敏度。

④ 选择被控参数时，必须考虑工艺合理性。

三、操纵变量的选择

操纵变量是指用来克服干扰对被控参数的影响，实现控制作用的变量。最常见的操纵变量是介质流量，也有以转速、电压等作为操纵变量的情况。被控参数选定以后，应对工艺进行分析，找出所有影响被控参数的过程变量（因素）。在这些变量中，有些是可控的，有些是不可控的。

从诸多影响被控参数的因素中，选择一个对被控参数影响显著且便于控制的过程变量作为操纵变量。其他未被选中的变量则视为干扰变量（因素）。设计单回路控制系统时，选择操纵变量的原则可归纳为以下几条：

① 操纵变量应是可控的，即工艺上允许调节的变量。

② 操纵变量一般应比其他干扰对被控参数的影响灵敏。

③ 扰动引入系统的位置要远离被控参数检测点，尽可能靠近调节阀。

④ 在选择设备及控制参数时，应尽量注意时间滞后情况的发生。

⑤ 在选择操纵变量时，除了从提高控制品质的角度考虑外，还要考虑工艺的合理性、生产过程安全性与生产效率、经济效益等因素。一般不宜选择生产负荷作为操纵变量，因为生产负荷直接关系到产品的产量或者用户的需求，不允许控制。另外，从经济性考虑，应尽可能降低物料与能量的消耗。

四、传感器、变送器的选择

过程控制系统中用于参数检测的传感器、变送器是系统中获取生产过程运行状况信息的装置。测量信号是控制器进行控制的基本依据，对被控变量迅速、准确的测量是实现高性能控制的重要条件。测量不准确或不及时，会产生失调、误调或调节不及时，影响之大不容忽视。因此，传感器、变送器的选择是过程控制系统设计的重要环节。主要考虑以下几个方面：

(1) 传感器、变送器测量范围（量程）、精度等级的选择　在控制系统设计时，对检测的参数和变量都有明确的测量范围和测量精度要求，参数与变量可能的变化范围一般都是已知的。因此，在选择传感器与变送器时，按照生产过程工艺要求，首先确定传感器、变送器量程与精度等级。

(2) 尽可能选择时间常数小的传感器、变送器　传感器、变送器都有一定的响应时间，特别是测温元件，由于存在热阻和热容，本身具有一定的时间常数 T_m，这些时间常数和纯滞后必然造成测量滞后；对于气动仪表，由于现场传感器与控制室仪表间的信号通过管道传递，还存在一定的传送滞后。

(3) 合理选择检测点，减小测量纯滞后 τ_0　要合理选择测量信号的检测点，避免由于传感器安装位置不合适引起的纯滞后。

(4) 测量信号的处理　对测量信号进行校正、补偿、测量噪声抑制与线性化处理，以保证测量精度。

五、执行器及控制器正反作用的选择

过程控制使用最多的是由执行机构和调节阀组成的执行器。前面章节已对执行器的工作原理、基本结构及特性做了分析讨论，这里不再赘述。

控制器正反作用的选择。反馈控制系统的控制作用对被控参数的影响，应与扰动作用对被控参数的影响相反，才能使被控参数值回复并保持在给定值。为了保证负反馈，必须正确选择控制器的正反作用方式。

第二节　简单控制系统的投运及参数整定

一、简单控制系统的投运

控制系统的投运是指系统设计、安装就绪，或者经过停车检修后，使控制系统投入使用的过程。无论采用什么样的仪表，控制系统的投运一般都要经过准备工作、手动遥控、投入

运行（手动切换到自动）三个步骤。

1. 准备工作

(1) 熟悉情况　了解主要工艺流程，主要设备的性能、控制指标和要求；熟悉控制的方案，全面掌握设计意图，熟悉各控制方案的构成，对测量元件和控制阀的安装位置、管线走向、操纵变量、被控变量和介质的性质都要心中有数。

(2) 全面检查　投运前对测量元件、变送器、控制器、控制阀和其他仪表装置，以及电源、气源、管路和线路进行全面检查，尤其是要对气压信号管路进行试压和试漏检查，如有问题，则应立刻消除。

(3) 确定好各环节的方向　由于自动控制系统是具有被控变量负反馈的系统，也就是说，如果被控变量偏高，则控制作用应使之降低；相反，如果被控变量偏低，则控制作用应使之升高。控制作用对被控变量的影响应与扰动作用的影响相反，才能克服扰动的影响。

在控制系统中，不仅是控制器，而且被控对象、测量元件及变送器和执行器都有各自的作用方向。它们如果组合不当，使总的作用方向构成正反馈，则控制系统不但不能起控制作用，反而破坏了生产过程的稳定。所以，在系统投运前必须注意检查各环节的作用方向，其目的是通过改变控制器的正、反作用，以保证整个控制系统是一个具有负反馈的闭环系统。

所谓作用方向是指控制系统的某一环节输入变化后，其输出的变化方向。当某个环节的输入增加时，其输出也增加，则称该环节为"正作用"方向；反之，当环节的输入增加时，输出减少的称"反作用"方向。

对于测量元件及变送器，其作用方向一般都是"正"的，因为当被控变量增加时，其输出量一般也是增加的。对于执行器，它的作用方向取决于是气开阀还是气关阀。气开阀为正作用，气关阀为反作用。执行器的气开或气关形式主要应从工艺安全角度来确定。对于被控对象的作用方向，则随具体对象的不同而各不相同。当操纵变量增加时，被控变量也增加的对象属于"正作用"的。反之，被控变量随操纵变量的增加而降低的对象属于"反作用"的。

对于控制器的作用方向是这样规定的：当给定值不变，被控变量测量值增加时，控制器的输出也增加，称为"正作用"方向；反之，当给定值不变，被控变量测量值增加时，控制器的输出减小，称为"反作用"方向。

在一个安装好的控制系统中，对象的作用方向由工艺机理可以确定，执行器的作用方向由工艺安全条件确定，而控制器的作用方向要根据对象及执行器的作用方向来确定，以使整个控制系统构成负反馈的闭环系统。下面举两个例子加以说明。

图 10-3 是一个简单的加热炉出口温度控制系统。在这个系统中，加热炉是对象，燃料气流量是操纵变量，被加热的原料油出口温度是被控变量。由此可知，当操纵变量燃料气流量增加时，被控变量是增加的，故对象是"正"作用方向。如果从工艺安全条件出发选定执行器是气开阀（停气时关闭），以免当气源突然断气时，控制阀大开而烧坏炉子。那么这时执行器便是"正"作用方向。为了保证由对象、执行器与控制器所组成的系统是负反馈的，控制器就应该选为"反"作用。这样才能当炉温升高时，控制器 TC 的输出减小，因而关小燃料气的阀门（因为是气开阀，当输入信号减小时，阀门是关小的），使炉温降下来。

图 10-4 是一个简单的液位控制系统。执行器采用气开阀，在一旦停止供气时，阀门自动关闭，以免物料全部流走，故执行器是"正"方向。当控制阀开度增加时，液位是下降

的，所以对象的作用方向是"反"的。这时控制器的作用方向必须为"正"，才能使当液位升高时，LC输出增加，从而开大出口阀，使液位降下来。

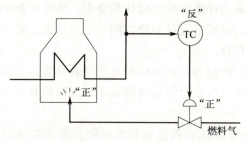
图10-3　加热炉出口温度控制系统

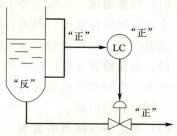
图10-4　液位控制系统

一个安装好的控制系统中，被控对象、变送器、控制阀的作用方向都是确定了的，所以主要是确定好控制器的作用方向。在系统投运之前，一定要确定好控制器的方向，控制器的正、反作用可以通过控制器上的"正"、"反"作用开关自行选择。

2. 手动遥控

准备工作完毕，先投运测量仪表，观察测量是否准确，再按调节阀投运步骤用手动遥控使被控变量在设定值附近稳定下来。下面主要介绍以下调节阀的投运步骤。

在现场，调节阀的安装情况一般如图10-5所示。在控制阀3的前后各装有截止阀，即图中1为上游阀，2为下游阀。另外，为了在调节阀或控制系统出现故障时不致影响正常的工艺生产，通常在旁路上安装有旁路阀4。

调节阀的投运步骤如下：

① 先将截止阀1和2关闭，手动操作旁路阀4，使工况逐渐趋于稳定；

② 用手动定值器或其他手动操作器调整控制阀的气压p，使它等于某一中间数值或已有的经验数值；

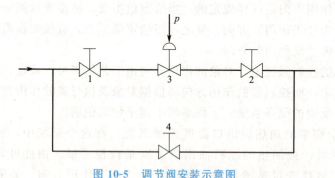
图10-5　调节阀安装示意图
1—上游阀；2—下游阀；3—控制阀；4—旁路阀

③ 先开上游阀1，再逐渐开下游阀2，同时逐渐关闭旁路阀4，以尽量减少波动（亦可先开下游阀2）；

④ 观察仪表指示值，改变手动输出，使被控变量接近给定值。

3. 手动切换到自动

待被控变量稳定后，由手动切换到自动，实现自动操作。无论是气动仪表或电动仪表，所有切换操作都不能使被控变量波动,要做到无扰动切换。在切换时为了不使新的扰动"乘机"起作用,也要求切换操作迅速完成。所以,总的要求是平稳、迅速。

二、控制器参数的整定

在控制系统安装、施工完毕后,被控对象、测量变送器和执行器这三部分的特性就完全确定了,不能任意改变。只能通过控制器参数整定,获得良好的过程控制系统性能指标。控制器参数的整定,就是按照已定的控制方案,求取使控制质量最好时控制器的参数值。具体来说,就是确定最合适的控制器比例度、积分时间和微分时间。

控制器参数整定常用工程整定法,对已经投运的实际控制系统,通过试验或经验探索,确定控制器的最佳参数。工程技术人员在现场经常使用这种方法。下面讨论几种常用的控制器参数工程整定方法。

1. 临界比例度法

临界比例度法也叫稳定边界法,这是目前使用较多的一种方法。它是先通过试验得到临界比例度 δ_k 和临界周期 T_k,然后根据经验总结出来的关系求出控制器各参数值。具体做法如下:先将控制器变为纯比例作用,即将 T_I 放在"∞"位置上,T_D 放在"0"位置上。在干扰作用下,从大到小逐渐改变控制器的比例度,直至系统产生等幅振荡(即临界振荡),如图 10-6 所示。这时的比例度叫临界比例度 δ_k,周期为临界振荡周期 T_k。记下 δ_k 和 T_k,然后按表 10-1 中的经验公式计算出控制器的各参数整定数值。

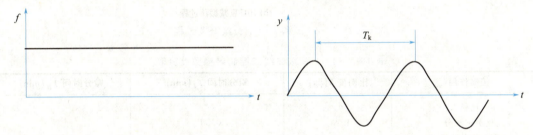

图 10-6 临界振荡过程

表 10-1 临界比例度法参数计算公式表

控制作用	比例度(%)	积分时间 T_I(min)	微分时间 T_D(min)
比例	$2\delta_k$		
比例+积分	$2.2\delta_k$	$0.85T_k$	
比例+微分	$1.8\delta_k$		$0.1T_k$
比例+积分+微分	$1.7\delta_k$	$0.5T_k$	$0.125T_k$

临界比例度法比较简单方便,容易掌握和判断,适用于一般的控制系统。但是对于临界比例度很小的系统不适用,因为临界比例度很小,则控制器输出的变化一定很大,被调参数容易超出允许范围,影响生产的正常运行。

2. 衰减曲线法

衰减曲线法是通过使系统产生衰减振荡过渡过程来整定控制器的参数的。具体做法如下:先将控制器变为纯比例作用,并将比例度预置在较大的数值上。在达到稳定后,用改变给定值的办法加入阶跃干扰,观察被控变量、记录曲线的衰减比,然后从大到小改变比例度，直至出现4∶1衰减比为止，见图10-7(a)，记下此时的比例度δ_s（叫4∶1衰减比例度），从曲线上得到衰减周期T_s。然后根据表10-2中的经验公式，求出控制器的参数整定值。

对于有的过程，4∶1衰减仍嫌振荡过强，可采用10∶1衰减曲线法。方法同上，得到10∶1衰减曲线［见图10-7(b)］后，记下此时的比例度δ_s'和最大偏差时间$T_升$（又称上升时间），然后根据表10-3中的经验公式，求出相应的δ、T_I、T_D值。

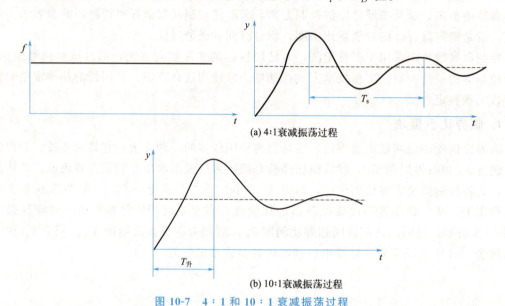

图10-7　4∶1和10∶1衰减振荡过程

表10-2　4∶1衰减曲线法控制器参数计算表

控制作用	比例度δ(%)	积分时间T_I(min)	微分时间T_D(min)
比例	δ_s		
比例＋积分	$1.2\delta_s$	$0.5T_s$	
比例＋积分＋微分	$0.8\delta_s$	$0.3T_s$	$0.1T_s$

表10-3　10∶1衰减曲线法控制器参数计算表

控制作用	比例度δ(%)	积分时间T_I(min)	微分时间T_D(min)
比例	δ_s'		
比例＋积分	$1.2\delta_s'$	$2T_升$	
比例＋积分＋微分	$0.8\delta_s'$	$1.2T_升$	$0.4T_升$

采用衰减曲线法必须注意以下几点：

① 干扰幅值不能太大，要根据生产操作要求来定，一般为额定值的5%左右，也有例外的情况。

② 必须在工艺参数稳定情况下才能施加干扰，否则得不到正确的δ_s、T_s或δ_s'和$T_升$值。

③ 对于反应快的系统，如流量、管道压力和小容量的液位控制等，要在记录曲线上严格得到4∶1衰减曲线比较困难。一般以被控变量来回波动两次达到稳定，就可以近似地认为达到4∶1衰减过程了。

衰减曲线法比较简便，适用于一般情况下的各种参数的控制系统。但对于干扰频繁，记录曲线不规则，不断有小摆动的情况，由于不易得到准确的衰减比例度δ_s和衰减周期T_s，使得这种方法难于应用。

3. 经验凑试法

经验凑试法是在长期的生产实践中总结出来的一种整定方法。它是根据经验先将控制器参数放在一个数值上，直接在闭环的控制系统中，通过改变给定值施加干扰，在记录仪上观察过渡过程曲线，以δ、T_I、T_D对过渡过程的影响为指导，按照规定顺序，对比例度δ、积分时间T_I和微分时间T_D逐个整定，直到获得满意的过渡过程为止。

各类控制系统中控制器参数的经验数据，列于表10-4中，供整定时参考选择。

表10-4 控制器参数的经验数据表

控制对象	对象特性	δ/%	T_I/min	T_D/min
流量	对象时间常数小，参数有波动，δ要大；T_I要短；不用微分	40～100	0.3～1	
温度	对象容量滞后较大，即参数受干扰后变化迟缓，δ应小；T_I要长；一般需加微分	20～60	3～10	0.5～3
压力	对象容量滞后一般，不算大，一般不需加微分	30～70	0.4～3	
液位	对象时间常数范围较大。要求不高时，δ可在一定范围内选取，一般不用微分	20～80		

表中给出的只是一个大体范围，有时变动较大。

整定的步骤分以下两步。

① 先用纯比例作用进行凑试，待过渡过程已基本稳定并符合要求后，再加积分作用消除余差，最后加入微分作用是为了提高控制质量。按此顺序观察过渡过程曲线进行整定工作。具体做法如下。

根据经验并参考表10-4的数据，选定一个合适的δ值作为起始值，把积分时间放在"∞"，微分时间置于"0"，将系统投入自动。改变给定值，观察被控变量、记录曲线形状。如曲线不是4∶1衰减（这里假定要求过渡过程是4∶1衰减振荡的），例如衰减比大于4∶1，说明选的δ偏大，适当减小δ值，再看记录曲线，直到呈4∶1衰减为止。δ值调整好后，如要求消除余差，则要引入积分作用。一般积分时间可先取为衰减周期的一半值，并在积分作用引入的同时，将比例度增加10%～20%，看记录曲线的衰减比和消除余差的情况，如不符合要求，再适当改变δ和T_I值，直到记录曲线满足要求。

经验凑试法的关键是"看曲线，调参数"。因此，必须弄清楚控制器参数变化对过渡过程曲线的影响关系。一般来说，在整定中，观察到曲线振荡很频繁，须把比例度增大以减少振荡；当曲线最大偏差大且趋于非周期过程时，须把比例度减小。当曲线波动较大时，应增加积分时间；而在曲线偏离给定值后，长时间回不来，则须减少积分时间，以加快消除余差的过程。如果曲线振荡得厉害，须把微分时间减到最小，或者暂时不加微分作用，以免更加剧振荡；在曲线最大偏差大而衰减缓慢时，须增加微分时间。经过反复凑试，一直调到过渡过程振荡两个周期后基本达到稳定、品质指标达到工艺要求为止。

② 经验凑试法还可以按下列步骤进行：先按表10-4中给出的范围把T_I定下来，如要引入微分作用，可取$T_D=(1/4～1/3)T_I$，然后对δ进行凑试，凑试步骤与前一种方法相同。

一般来说，这样凑试可较快地找到合适的参数值。但是，如果开始T_I和T_D设置得不合适，则可能得不到所要求的记录曲线。这时应将T_D和T_I作适当调整，重新凑试，直至记录曲线合乎要求为止。

经验凑试法的特点是方法简单,适用于各种控制系统,因此应用非常广泛。但是此法主要是靠经验,在缺乏实际经验或过渡过程本身较慢时,往往较为费时。例如某初馏塔塔顶温度控制系统,如采用如下两组参数时:

$$\delta=15\% \quad T_I=7.5\text{min}$$
$$\delta=35\% \quad T_I=3\text{min}$$

系统都得到10:1的衰减曲线,超调量和过渡时间基本相同。

即学即练

几种整定方法有哪些优缺点?

综上所述,在一个自动控制系统投运时,控制器的参数必须整定,才能获得满意的控制质量。同时,在生产进行的过程中,如果工艺操作条件改变,或负荷有很大变化,被控对象的特性就要改变。因此,控制器的参数必须重新整定。由此可见,整定控制器参数是经常要做的工作,对工艺人员与仪表人员来说,都是需要掌握的。

技能训练六 水箱液位定值控制实训

一、实训目的

① 了解单容液位定值控制系统的结构与组成。
② 掌握单容液位定值控制系统调节器参数的整定方法。
③ 了解 P、PI、PD 和 PID 四种调节器分别对液位控制的作用。

二、实训器材

实训器材见表 10-5。

表 10-5 实训器材

序号	名称	型号	数量	备注
1	工业自动化仪表装置	THPYB-1	1	
2	计算机	MCGS 软件可运行	1	
3	组态软件	MCGS	1	
4	转换器	RS485/232	1	
5	导线	普通	若干	

三、实训任务及流程图

实训任务见表 10-6。

表 10-6 实训任务

任务一	液位定值控制系统的结构与组成
任务二	智能仪表参数设置

	续表
任务三	按要求接线及通信连接
任务四	参数整定
任务五	完成实训报告

实训流程图见图 3-19 所示。

四、实训步骤

① 实训之前先将储水箱中贮足水量，一般接近储水箱容积的 4/5，然后将阀 F1-1、F1-3、F1-7 全开，其余手动阀门关闭。

② 将对象的 1♯ 通信线（接有两块智能调节仪和一块流量积算仪）经 RS485/232 转换器接至计算机的串口上，本工程初始化使用 COM1 端口通信。

③ 将仪表控制箱中"电容式液位变送器"的输出对应接至智能调节仪Ⅰ的"电压信号输入"端，将智能调节仪Ⅰ的"4～20mA 输出"端对应接至"电动执行机构"的控制信号输入端。

④ 打开单相空气开关，然后给智能仪表和电动执行器上电。

⑤ 智能仪表Ⅰ参数设置：Sn=33、DIP=1、dIL=0、dIH=50、oPL=0、oPH=100、CF=0、Addr=1。

⑥ 打开上位机软件，选择"工业自动化仪表工程"，按"F5"进入运行环境，然后进入实验"主菜单"，选择"水箱液位定值控制实验"。

⑦ 在实验界面中有"通信成功"标志，表示计算机已和三块仪表同时建立了通信关系；若显示"通信失败"并闪烁，说明有仪表通信失败，检查转换器、通信线以及计算机 COM 端口设置是否正确。

⑧ 通信成功后，按本章中的经验法或动态特性参数法等整定调节器参数，选择 PI 控制规律，并按整定后的 PI 参数进行调节器参数设置。

⑨ 点击实验界面中"设定值"的数值显示框，在弹出的对话框中填写液位设定值，然后点击"比例度""积分时间""微分时间"，在弹出的对话框中填写对应的比例度、积分时间和微分时间，在实验界面中点击"自动"按钮，智能调节仪Ⅰ被设置为"自动"状态，仪表内部控制算法启动，打开离心泵的开关，对被控参数进行闭环控制。

⑩ 当液位稳定于给定值的 2%～5% 范围内，且不再超出这个范围后，通过以下几种方式加干扰：

a. 突增（或突减）仪表设定值的大小，使其有一个正（或负）阶跃增量的变化（内部扰动）。

b. 将阀 F1-1 旁路阀 F1-2 开至适当开度（外部扰动）。

c. 改变关联管路的阀门以对系统加入外部扰动，但注意外部扰动加入量应合理，不宜破坏系统的平衡、超出控制系统的调节能力范围。

以上几种干扰均要求扰动量为控制量的 5%～15%，干扰过大可能造成水箱中水溢出或系统不稳定。通过内部扰动加入干扰后，水箱的液位便离开原平衡状态，经过一段调节时间后，水箱液位稳定至新的设定值（采用后面两种干扰方法仍稳定在原设定值），记录此时的

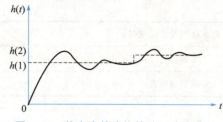

图 10-8 单容水箱液位的阶跃响应曲线

智能仪表的设定值、输出值和仪表参数,液位的响应过程曲线将如图 10-8 所示。

⑪ 分别适量改变调节仪的 P 及 I 参数,重复步骤⑩,用计算机记录不同参数时系统的阶跃响应曲线。

⑫ 分别用 P、PD、PID 三种控制规律重复上述步骤,用计算机记录不同控制规律下系统的阶跃响应曲线。

五、实训作业

完成实训报告。

六、问题讨论

各组总结在操作过程中遇到的问题、原因及采取的措施。

 知识巩固

一、单项选择题

1. 简单控制系统中被控变量的选择有两种途径,一种是当工艺按质量指标进行操作时,测取质量信号较难,即使能测到信号,也比较微弱,再经放大、转换就会造成较大滞后,因此,选取与直接参数有单值对应关系且有足够的灵敏度的(   )指标控制。
   A. 不相关参数　　　B. 相关参数　　　C. 间接参数　　　D. 直接参数

2. 通常简单控制系统是由(   )、测量变送器、控制器和执行器四个基本环节所组成。
   A. 放大器　　　B. 被控对象　　　C. 比较器　　　D. 自动控制装置

3. 新开车的自动控制系统启动时先投(   )。
   A. 自动　　　B. 手动　　　C. 串级　　　D. 程序控制

4. 一个新设计好的控制系统一般投运步骤是(   )。
   A. 人工操作、手动遥控、自动控制　　　B. 手动遥控、自动控制
   C. 自动控制　　　D. 无固定要求

5. 下列哪一种方法不是自动控制系统常用的参数整定方法?(   )
   A. 经验法　　　B. 衰减曲线法　　　C. 临界比例度法　　　D. 阶跃响应法

6. 控制系统的投运主要是调节器手动到自动的切换,关键在于(   )。
   A. 做到手动到自动的无扰动切换
   B. 手动使被控变量稳定且做到无扰动切换
   C. 手动使调节器偏差为零
   D. 手动使调节器偏差为零且做到无扰动切换

7. 控制器的正、反作用由下列哪个条件来确定?(   )
   A. 生产的安全　　　B. 系统的负反馈
   C. 系统的正反馈　　　D. 执行器的气开、气关

8. 衰减曲线法整定调节器参数,是力图将过渡过程曲线整定成(   )的衰减振荡曲线。

A. 4∶1 或 1∶10　　　B. 1∶4 或 10∶1　　C. 1∶4 或 1∶10　　D. 4∶1 或 10∶1

二、判断题

1. 简单控制系统是单回路闭合控制系统。（　　）
2. 被控变量应当是可测的、独立可调的，不至于因调整它时引起其他的明显变化、发生明显的关联作用而影响系统的稳定。（　　）

三、简答题

1. 简单控制系统由几个环节组成？
2. 简述控制方案设计的基本要求。
3. 过程控制系统设计包括哪些步骤？
4. 试比较临界比例度法、衰减曲线法及经验凑试法的优缺点。

第十一章　复杂控制系统

学习引导

随着科技不断进步以及质量体系促使工艺技术日益精细化，传统的操作方式已经越来越无法满足现今行业要求的高效率与高质量。在化工领域里，精馏塔是一种常见的用来分离提纯相关组分的设备，精馏塔具有多输入、多输出和多干扰变量的特点，内在机理复杂，再加上工艺过程的复杂性，所以精馏塔工艺控制方案的设计是一项相当复杂的工作。而控制技术的应用使得精馏塔的控制实现了自动化，促进了工艺的优化。以精馏塔常用的塔顶温度控制和塔釜温度控制为例，塔顶温度通过回流的量进行控制，塔釜温度通过调节蒸汽的量来进行控制，一般采用与流量调节构成串级回路的方式，保证调节质量，有利于平稳操作。

本章将着重讨论串级控制系统、前馈控制系统、比值控制系统、均匀控制系统、分程控制系统、选择性控制系统的基本结构和原理，并运用这些复杂控制系统进行各种场合的自动控制。

学习目标

(1) 知识目标　了解各类控制系统互相搭配使用方案；熟悉前馈控制系统、比值控制系统、均匀控制系统、分程控制系统、选择性控制系统的基本结构、原理及其应用方案；掌握串级控制系统的基本结构、原理及其应用方案。

(2) 能力目标　能根据控制质量要求选用合适的复杂控制系统；能正确解读和设计复杂控制系统初步方案。

(3) 素质目标　培养精益求精的工匠精神和创新精神；树立安全生产意识。

根据复杂控制系统控制目的的不同，可以将复杂控制系统大体上分成两类：一类是以提高响应曲线性能指标为目的的控制系统。开发这类控制系统的目的是提高控制系统的控制质量，改善系统过渡过程的品质。显而易见，这类系统的发展依托于控制原理的最新成果。如串级控制系统是在双闭环控制理论发展后产生的、前馈控制系统是在前馈控制理论出现后问世的。另一类控制系统是按照满足特定生产工艺要求而开发出的控制系统。这类系统的出现和发展主要得益于对各种工艺操作分析的新理念。如比值控制系统、分程控制系统、选择性控制系统等。

第一节 串级控制系统

一、基本原理与结构

单回路控制系统能解决工业过程自动化过程的大量参数定值控制问题。对于多数复杂控制系统，如多输入多输出系统、大滞后系统和扰动较大的系统等，简单控制系统就很难控制，无法满足控制系统的控制要求。串级控制系统在改善控制指标方面具有较大的优势。下面以工业生产过程中的加热炉系统为例介绍串级控制系统的原理和结构。

如图 11-1 所示是工业生产过程中常用的加热炉示意图。冷物料通过加热炉的加热成为温度符合生产要求的热物料。一般来讲热物料的温度要求为某一个确定值，因此常选物料出口温度为被控变量。在加热炉中影响被控变量的因素较多，主要有燃料的热值及

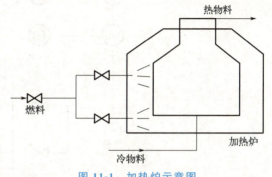

图 11-1 加热炉示意图

其变化、流量、压力，物料的入口温度、流量、比热容等，此外还有加热炉本身的一些因素如烟囱挡板的位置改变等，一般选取燃料量为操纵变量。

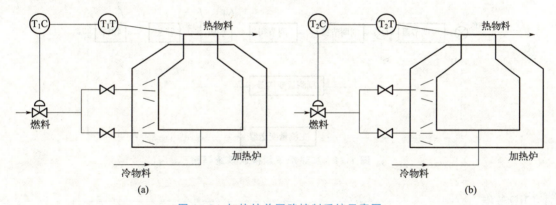

图 11-2 加热炉单回路控制系统示意图

图 11-2(a) 和(b) 分别是两个简单控制方案。图 11-2(a) 方案是以物料出口温度为被控变量，燃料流量为操纵变量的简单控制系统，理论上讲，对所有的干扰控制器都能实现控制。但是由于系统控制通道的时间常数和容量滞后较大，控制作用不及时，对要求较高的控制系统不能满足控制要求。图 11-2(b) 方案是以炉膛温度为被控变量，燃料流量为操纵变量的单回路控制系统。这个方案的优点是对炉膛温度进行控制后，有效地克服了图 11-2(a) 方案中系统中存在较大的时间常数和较大滞后的问题，但是物料的出口温度变成了间接控制量。系统对进入加热炉的物料流量、温度等因素变化引起的物料出口温度无法控制。可见，以上两种简单控制系统在实现控制要求方面都存在局限性，无法满足较高控制指标工艺过程

的要求。特别是对于时间常数较大或容量滞后较大的系统，控制作用不及时，系统克服扰动的能力不够，很难满足工艺要求。

温度串级控制系统

综合上述分析不难想到结合两种方案的优点，即选取物料出口温度作为主被控变量，炉膛温度为副被控变量，物料出口温度作为炉膛温度调节器的给定值的串级控制方案，如图 11-3 所示，图 11-4 为系统框图。可见串级控制系统存在两个闭环，系统将燃料的热值及其变化、流量、压力等扰动量和加热炉本身的一些因素如烟囱挡板的位置改变等扰动量包含在副回路中。通过副回路的调节，可以减小这些扰动对主被控量的影响。

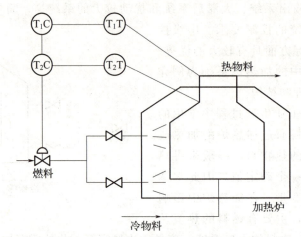

图 11-3　加热炉串级控制系统示意图

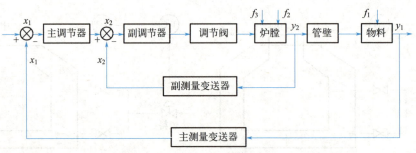

图 11-4　加热炉串级控制系统框图

知识链接

串级控制系统涉及的基本概念。

主调节器（主控制器）：根据主参数与给定值的偏差而动作，其输出作为副调节器的给定值。

副调节器（副控制器）：其给定值由主调节器的输出决定，并根据副参数与给定值（即主调节器输出）的偏差动作。

主回路（外回路）：断开副调节器的反馈回路后的整个外回路。

副回路（内回路）：由副参数、副调节器及所包括的一部分对象所组成的闭合回路。

> 主对象（惰性区）：主参数所处的那一部分工艺设备，它的输入信号为副变量，输出信号为主参数（主变量）。
>
> 副对象（导前区）：副参数所处的那一部分工艺设备，它的输入信号为调节量，其输出信号为副参数（副变量）。

下面通过分析串级控制系统的工作原理来了解串级控制系统的优点。

① 燃料流量、压力、热值等的变化 $f_2(t)$ 和加热炉本身的一些因素如烟囱挡板的位置改变 $f_3(t)$——包括在副回路中的扰动。

干扰 $f_2(t)$ 和 $f_3(t)$ 变化后先影响到炉膛温度（副被控变量），于是副控制器起到控制作用，通过反馈向副控制器发出校正信号，控制调节阀的开度，改变燃料量，克服对炉膛温度的影响。如果扰动量不大，经过副回路的控制将不会对出口物料温度产生影响；如果扰动量过大，经过副回路的控制，可以减小对出口物料的影响，经过主回路的进一步调节，也能使出口温度调回设定值，减轻了主回路的负担，提高控制系统的性能指标。

② 物料的入口温度、流量、比热容、压力等 $f_1(t)$——包括在主回路中的扰动。

干扰 $f_1(t)$ 使物料出口温度变化时，主回路产生校正作用，由于副回路的存在加快了校正速度，提高了系统的性能指标。

③ 主、副回路扰动同时存在。

多个扰动同时出现时，在主、副控制器的同时作用下，加快了调节阀动作速度，加强了控制作用。

二、串级控制系统的特点分析

串级控制系统的主回路是一个定值控制系统，副回路是随动控制系统，可以把两个回路的工作描述为：副回路对被控变量起到"粗调"作用，而主回路对被控变量起到"细调"作用。串级控制系统的特点决定于系统的特殊结构，由于在串级控制系统中存在副回路，系统具有如下特点：

① 由于添加了一个副回路以代替单回路控制系统的执行环节，适当地调整副回路各环节的参数可以大大减小系统控制通道的滞后，从而改善了系统的动态特性。

② 由于串级控制系统副回路的存在，使得作用于副回路中的扰动得到快速控制，大大降低了其对被控变量的影响，提高了控制系统的控制质量。

第二节 其他复杂控制系统

一、前馈控制系统

之前所讨论的单回路、串级控制系统的共同特点是利用反馈实现闭环控制，其控制原理是：当扰动作用于被控过程而引起被控变量出现偏差时，偏差信号通过反馈通道反馈到控制器输入端，与给定信号比较后使执行器动作来抑制扰动对被控变量的影响。

过程被控变量产生偏差的原因是由于扰动的存在，如果能在扰动出现的同时就进行控制，而不是等到偏差出现后再进行控制，这样就可以更有效地消除扰动对被控变量的影响，改善被控过程的性能。前馈控制正是基于这种思路提出来的。

如图11-5所示就是采用前馈控制系统的示意图。控制过程简述如下：假设换热器的物料流量是影响被控变量的主要扰动，此时物料流量变化频繁，变化幅值大，且对出口温度的影响最为显著。采用前馈控制方式，通过流量变送器测量物料流量，并将流量变送器的输出信号送到前馈补偿器，前馈补偿器根据其输入信号，按照一定的运算规律操作调节阀，从而改变加热用蒸汽流量，以补偿物料流量对被控温度的影响。

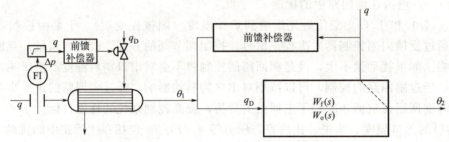

图11-5 前馈控制系统示意图

综上所述，前馈控制系统有如下特点：

① 前馈补偿器是"基于扰动来消除扰动对被控变量的影响"，故前馈控制又称为"扰动补偿"。扰动发生后，前馈补偿器"及时"动作，对抑制被控变量由于扰动引起的偏差比较有效。

② 前馈控制属于开环控制，适用于克服可测而不可控的扰动；其具有指定性补偿的局限性，即一个前馈只能对单一扰动起到控制作用，对系统中的其他扰动无作用。

③ 前馈控制器的控制规律，取决于被控对象的特性。因此，控制规律往往比较复杂。

二、比值控制系统

在某些工业生产过程中，常常要求两种或两种以上物料严格按照一定比例关系（即比值关系）进行混合，物料的比值关系直接影响到生产过程的正常运行和产品的质量；如果比例关系出现失调，将影响到产品的质量，严重情况下会出现生产事故。例如，在制药生产过程中，需要严格控制药品各成分的比值关系，比值关系不当会降低药效，严重时会生产出不合格药品或使生产出的药品具有严重的副作用，甚至成为"毒药"。在锅炉的燃料燃烧过程中，需要自动保持燃料量与空气量按一定比例混合后送入炉膛，燃料比例过大，燃烧不充分，会导致生产经济指标下降，导致大气污染。在造纸的生产过程中，为了保证纸浆的浓度，必须自动控制纸浆量和水量按一定的比例混合。可见，在一些生产过程中严格控制物料间的比例关系是十分重要的。在实际的生产过程中，需保持比例关系的物料几乎全是流量。

通常把这种能够实现保持两个或多个参数比值关系的过程控制系统称为比值控制系统。在需要保持比例关系的两种物料中，往往其中一种物料处于主导地位，称为主物料或主动量，通常用q_1表示，而另一种物料按主物料进行配比，在控制过程中跟随主物料变化而变化，称为从物料或从动量，通常用q_2表示。例如在造纸生产过程中，水量总是要跟随纸浆量的变化而变化的，因此纸浆量为主动量，水量为从动量。

通常将主动量 q_1 与从动量 q_2 的比值称为比值系数，用 K 表示，即

$$K = \frac{q_1}{q_2} \tag{11-1}$$

从动量总是随主动量按一定比例关系变化，因此比值控制是随动控制。

需要指出的是，保持两种物料间成一定的（变或不变）比例关系，往往仅是生产过程全部工艺要求的一部分，即有时仅仅只是一种控制手段，而不是最终目的。例如，在燃烧过程中，燃料与空气比例虽很重要，但控制的最终目的却是温度。

三、均匀控制系统

在连续生产过程中，前一设备的出料往往是后一设备的进料，前后生产过程存在密切关系。如图 11-6 所示为没有中间贮罐的前后精馏塔的控制系统。由图 11-6 可知，前塔塔釜的出料直接进入后塔，是后塔的进料。若前塔要求液位稳定，后塔要求入料稳定；根据前面所学知识可知，保持前塔的液位高度稳定，可通过调节前塔的出料量来实现；保持后塔进料量的稳定，可通过调节前塔的液位高度来实现。如果从前塔的操作要求考虑，设计一个单回路液位控制系统，如图 11-6（a）所示，通过较大范围地调节前塔出料量就能够很好地保证前塔的物料液位。但是因前塔的出料是后塔的入料，较大范围的物料流量变化会影响后塔的平稳操作，对后塔的运行不利。如果只从后塔的操作要求考虑，可以设计一个单回路流量控制系统，如图 11-6（b）所示，通过较大范围地调节前塔的液位就能够很好地保证后塔的入料稳定性，这种方案实现了对后塔的入料稳定控制，但是前塔的液位会出现较大范围的波动，又会对前塔的工作产生不利影响，可见前后塔的控制出现了矛盾。

双塔均匀控制系统

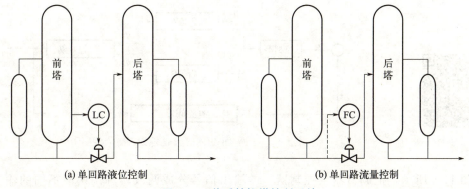

图 11-6　前后精馏塔控制系统

解决实际生产中的此类问题的方案之一是在两个塔之间增加一个缓冲容器，但此方案一方面增加了投资，另一方面增加了缓冲容器会增大物料的传输滞后。解决这类问题还需要从自动控制方案方面入手。采用均匀控制系统就是解决此类问题的较好的控制方案。所谓的均匀控制系统就是在一个含有多个相互串联"子系统"的系统中兼顾两个被控量控制的控制系统。图 11-6 中的两个控制系统都可以设计成为均匀控制系统，它的控制策略是既要照顾到前塔的液位波动不大，又要照顾后塔入料稳定。即通过均匀控制系统使液位在允许的范围内波动，物料的流量变化也可以控制在被控过程允许的变化范围，如图 11-7 所示为液位控制

系统、流量控制系统和均匀控制系统的控制效果比较图，可见均匀控制系统是以降低了两个被控量的控制标准来实现兼顾对两个量的同时控制的。

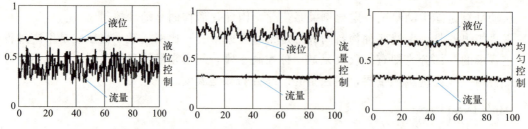

图 11-7　液位控制系统、流量控制系统和均匀控制系统的控制效果比较图

归纳均匀控制系统的特点如下：

① 均匀控制系统采用一个控制器实现对两个被控量的控制。

② 均匀控制系统采用的系统与普通的控制系统结构相似，对两个被控变量的控制是通过控制器参数合理整定实现的。

③ 均匀控制器的整定原则是比例度较大些，积分时间较长些。

四、分程控制系统

前面学习的各种过程控制方案如单回路控制系统、串级控制系统等通常是一个控制器的输出只控制一个调节阀，组成系统的各环节如测量与变送器、控制器、调节阀等，一般工作在较小的工作区域内。分程控制系统是通过将一个调节器的输出分成若干个信号范围，每一个信号段分别控制一个调节阀，进而实现一个调节器对多个调节阀的开度控制，进而在较大范围内控制进入被控过程的能量或原料以实现对被控变量的控制。

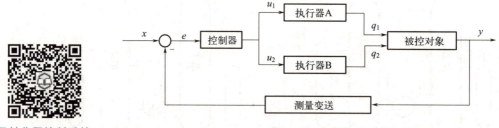

氮封分程控制系统　　　　图 11-8　分程控制系统框图

如图 11-8 所示，把调节器（控制器）的输出信号分成两段，利用两段不同的输出信号分别控制两个调节阀（如一个气动调节阀在调节器输出信号为 20～60kPa 范围内工作，另一个气动调节阀在调节器输出信号为 60～100kPa 范围内工作），每个调节阀的输出信号范围都是相同的。根据实际系统的情况也可以使用更多调节阀。

在有些工业生产中，要求调节阀工作时其可调范围很大，但是国产统一设计的柱塞式调节阀，其可调范围 $R=30$，满足了大流量就不能满足小流量，反之亦然。为此，可设计和应用分程控制，将两个调节阀当作一个调节阀使用，从而可扩大其调节范围，提高调节阀的调节能力，改善其特性，提高控制质量。

五、选择性控制系统

在对被控过程进行控制过程中，除了考虑被控过程能够在正常情况下保证被控量满足工艺要求，克服扰动的影响，实现平稳操作；还要考虑出现事故情况下系统的安全问题。如果针对系统出现的严重问题采取停车保护等措施将会给生产带来非常不利的影响。

在实际生产中，生产现场的情况千变万化，被控过程的要求多种多样，控制系统既要保证正常情况下对被控过程实施很好的控制，又要在突发严重情况下保护系统的安全。由于操作人员的生理反应不可能跟上生产变化速度，在突发事件、故障状态下难以确保生产安全。以往大多采用手动或联锁停车的方法使系统停运来实现对系统的保护。但停运后需要少则数小时、多则数十小时系统才能重新恢复生产，这对生产影响很大，造成的经济损失也比较严重。为了有效地防止生产事故的发生，减少开车、停车的次数，工程技术人员开发了一种既能保证对被控过程正常控制又能适应短期内生产异常的保护性控制方案，即选择性控制。如图 11-9 所示为选择性控制系统框图。在图中，主要是使用了一个选择器来对系统使用正常调节器还是取代调节器进行选择。显然，在任何时刻只会有一个调节器接入控制系统。

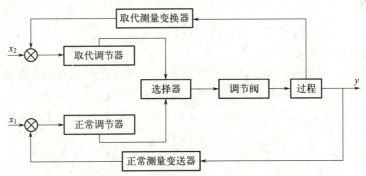

图 11-9　选择器位于调节器的输出端的选择性系统框图

选择性控制系统是把生产过程中的限制条件所构成的逻辑关系，叠加到正常的自动控制系统上去的一种组合控制方法。也就是系统中设有两个控制器（或两个以上的变送器），通过（高、低值）选择器选出能适应生产安全状况的控制信号，实现对生产过程的自动控制。正常情况下，当生产过程趋近于危险极限区但还未进入危险区时，一个用于控制不安全情况的控制方案，通过高、低值选择器将取代正常生产情况下工作的控制方案，用取代调节器代替正常调节器，直至使生产过程重新恢复正常。然后，又通过选择器使原来的控制方案重新恢复工作，用正常调节器代替取代调节器。因而这种选择性控制系统又被称为自动保护系统，或称为软保护系统。

从上述过程可见，设计选择性控制系统的关键环节是采用了选择器。选择器可以接在两个或多个调节器的输出端，对控制信号进行选择；或者接在几个变送器的输出端，对测量信号进行选择，以适应不同生产过程的需要。

知识巩固

一、单项选择题

1. 串级控制系统是由两个简单控制系统串联而成，它拥有两个控制器，其中（　　　）

的输出作为（　　）的外给定值。

A. 副控制器，主控制器　　　　　　B. 副变送器，副控制器
C. 主变送器，副变送器　　　　　　D. 主控制器，副控制器

2. 串级控制系统是由两个简单控制系统串联而成，其中（　　）的输出信号输入至调节阀。

A. 副控制器　　B. 主控制器　　C. 主变送器　　D. 副变送器

3. 均匀控制系统采用一个控制器实现对（　　）个被控量的控制。

A. 一　　B. 二　　C. 三　　D. 四

4. 分程控制系统通过将一个调节器的输出分成 4 个信号范围，可实现一个调节器对（　　）个调节阀的开度控制。

A. 一　　B. 二　　C. 三　　D. 四

5. 在一个含有多个相互串联"子系统"的系统中兼顾两个被控量控制的控制系统，最好应该设计为（　　）。

A. 分程控制系统　　　　　　B. 前馈控制系统
C. 均匀控制系统　　　　　　D. 自动保护控制系统

二、判断题

1. 复杂控制系统一定比简单控制系统的控制效果好。（　　）
2. 前馈控制系统不需要计算偏差。（　　）
3. 分程控制系统可以大大提高调节阀的调节能力并改善调节阀的工作特性。（　　）
4. 自动保护控制系统是一种常见的选择性控制系统。（　　）
5. 比值控制中从动量总是随主动量按一定比例关系变化，因此比值控制是随动控制。（　　）

三、简答题

1. 图 11-10 所示为聚合釜温度控制系统。试问：这是一个什么类型的控制系统？试画出它的方块图。

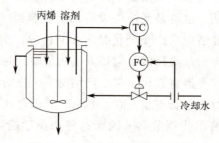

图 11-10　聚合釜温度控制系统

2. 试简述如图 11-11 所示单闭环比值控制系统在 Q_1 和 Q_2 分别有波动时控制系统的控

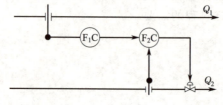

图 11-11　单闭环比值控制系统

制过程。

3. 在图 11-12 所示的控制系统中，被控变量为精馏塔塔底温度，控制手段是改变进入塔底再沸器的热剂流量，该系统采用 2℃ 的气（态）丙烯作为热剂，在再沸器内释热后呈液态进入冷凝液贮罐。试分析：该系统是一个什么类型的控制系统？简述系统的控制过程。

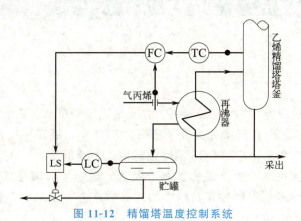

图 11-12　精馏塔温度控制系统

第十二章　计算机控制系统

学习引导

自动化控制系统被业界称之为中枢神经,由于缺乏核心技术,几十年来我国大型工业生产装备的自动化控制技术一直被国外企业所垄断。2007 年,浙江中控技术股份有限公司在一项多喷嘴对置式水煤浆气化炉的 DCS 国际招标中,力挫群雄,一举中标。这是国产计算机控制系统首次进入大型工业生产装备的核心装置,成功地打破了国外企业的垄断格局。2022 年,浙江中控技术股份有限公司技术中心入选国家企业技术中心资格,为我国打破国外工业软件垄断做出了杰出贡献。

本章将着重讨论各类常见的计算机控制系统。

学习目标

(1) 知识目标　了解集散控制系统的基本概念和作用;熟悉集散控制系统的系统组成;掌握自动报警联锁保护系统的基本组成。

(2) 能力目标　能根据需求,选择合适的集散控制系统;能正确针对不同类型的需求,区别选用自动信号报警和联锁保护系统。

(3) 素质目标　树立安全生产意识,培养高技能人才应具备的系统性整体性思维。

所谓计算机控制系统就是利用计算机实现工业生产过程的控制系统。在化工生产控制领域,又分为过程控制系统和安全仪表系统。

过程控制系统如 DCS(Distributed Control System,集散控制系统)、PLC(Programmable Logic Controller,可编程逻辑控制器)等,是用户过程生产中控制相关过程生产参数的系统,是为了将产品品质、质量等控制在尽可能最优的操作系统。本章以 DCS 为例进行介绍。

安全仪表系统(SIS,Safety Instrumented System)包括自动信号报警和联锁保护系统、紧急停车装置系统(ESD,Emergency Shutdown Device)和有毒有害、可燃气体及火灾检测保护系统等。安全仪表系统独立于过程控制系统(例如 DCS 等),生产正常时处于休眠或静止状态,一旦生产装置或设施出现可能导致安全事故的情况时,能够瞬间准确动作,使生产过程安全停止运行或自动导入预定的安全状态,以确保人员、设备及工厂周边环境的安全。本章以自动信号报警和联锁保护系统以及紧急停车装置系统为例进行介绍。

第一节 计算机集散控制系统

计算机集散控制系统（Distributed Control System，DCS）是以多台微处理器为基础，对生产过程进行集中监视、集中操作、集中管理和分散控制的一种全新的分布式计算机过程控制系统。集散控制系统是计算机技术、控制技术、显示技术和通信技术相结合的产物，是一种操作显示集中、控制功能分散、采用分级分层体系结构、局部网络通信的计算机综合控制系统，其目的在于控制、管理复杂的生产过程或整个企业。

一个典型的集散控制系统（DCS）如图12-1所示。功能分层是集散控制系统的体系特征，反映了集散控制系统的"分散控制、集中管理"的特点。下面对DCS的四层功能模块进行分别介绍。

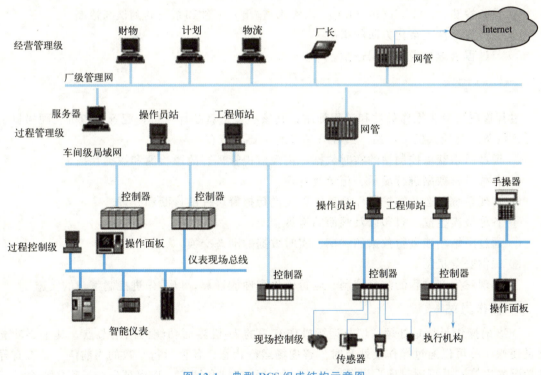

图 12-1 典型 DCS 组成结构示意图

一、现场控制级

现场控制级利用现场设备（各类传感器、变送器和执行器）将各种物理量转换为电信号或符合现场总线协议的数字信号（数字智能现场装置）传递给过程控制级；或将过程控制级输出的控制信号（4~20mA 的电信号或现场总线数字信号）转换成机械位移或功率带动调节机构，实现对生产过程的控制。现场控制级的主要功能包括：

总控室与现场

① 采集现场过程数据，对数据进行转换控制和处理。
② 直接通过智能现场仪表装置输出过程操作命令。
③ 实现真正的分散控制。
④ 完成与过程控制级和过程管理级的数据通信，以及对智能现场装置的组态。
⑤ 对现场控制级的设备进行在线监测和诊断。

二、过程控制级

过程控制级（现场控制站）位于DCS系统的底层，是DCS的核心部分。现场控制站接收由现场设备如传感器、变送器来的信号，按照一定的控制策略计算出所需的控制量，并送回到现场的执行器中。在生产过程的闭环控制中，可控制单个、数个至数十个回路，另外还可进行顺序、逻辑和批量控制。DCS利用控制站与现场仪表装置连接，实现自动控制。控制站通常安装在控制室，分为过程控制站、数据采集站和逻辑控制站。其主要功能为：
① 输入过程数据，进行数据转换与处理，获取所需要的输入信息。
② 对生产过程进行监视和控制，实施各类控制功能。
③ 设备检测、I/O（Input/Output，输入/输出）卡件和系统的测试与诊断。
④ 实施安全性冗余化方面的措施。
⑤ 与过程管理级进行数据通信。

三、过程管理级

过程管理级分为操作员站和工程师站，其核心设备就是计算机，配置打印机、硬拷贝机等外部设备，组成人机接口站。过程管理级的主要功能有：
① 通过网络获取控制站的实时数据，实现监视管理、故障检测和数据存档。
② 各种过程数据进行显示、记录及处理。
③ 实现系统组态及维护操作管理，以及进行报警事件的诊断和处理。
④ 各种报表生成、打印以及画面的拷贝。
⑤ 通过网络功能进行数据的共享、实时数据的动态交换。
⑥ 提供安全机制。
⑦ 实现对生产过程的监督控制、运行优化和性能计算，以及先进控制策略的实施。

1. 操作员站

DCS的操作员站是处理一切与运行操作有关的人-机界面功能的网络节点，其主要功能就是使操作员可以通过操作员站及时了解现场运行状态、各种运行参数的当前值、是否有异常情况发生等。并可通过输出设备对工艺过程进行控制和调节，以保证生产过程的安全、可靠、高效、高质。

(1) 操作员站的硬件 操作员站由IPC（Industrial Personal Computer，工控计算机）或工作站、工业键盘、大屏幕图形显示器和操作控制台组成，这些设备除工业键盘外，其他均属通用型设备。目前DCS一般都采用IPC来作为操作员站的主机及用于监控的监控计算机。操作员键盘多采用工业键盘，它是一种根据系统的功能用途及应用现场的要求进行设计的专用键盘，这种键盘侧重于功能键的设置、盘面的布置安排及特殊功能键的定义。

由于DCS操作员的主要工作基本上都是通过屏幕、工业键盘完成的，因此，操作控制台必须设计合理，使操作员能长时间工作而不感到吃力。另外在操作控制台上一般还应留有安放打印机的位置，以便放置报警打印机或报表打印机。

作为操作员站的图形显示器均为彩色显示器，且分辨率较高、尺寸较大。

打印机是 DCS 操作员站的不可缺少的外部设备。一般的 DCS 配备两台打印机，一台为普通打印机，用于生产记录报表和报警列表打印；另一台为彩色打印机，用来拷贝流程画面。

(2) 操作员站的功能　　操作员站的功能主要是指正常运行时的工艺监视和运行操作，主要由总貌画面、分组画面、点画面、流程图画面、趋势曲线画面、报警显示画面及操作指导画面 7 种显示画面构成。

2. 工程师（操作）站

工程师站是对 DCS 进行离线的配置、组态工作和在线的系统监督、控制、维护的网络节点。其主要功能是提供对 DCS 进行组态、配置工具软件即组态软件，并通过工程师站及时调整系统配置及一些系统参数的设定，使 DCS 随时处于最佳工作状态之下。

(1) 工程师站的硬件　　对系统工程师站的硬件没有什么特殊要求，由于工程师站一般放在计算机房内，工作环境较好，因此不一定非要选用工业型的机器，选用普通的微型计算机或工作站就可以了，但由于工程师站要长期连续在线运行，因此其可靠性要求较高。目前，由于计算机制造技术的巨大进步，使得 IPC 的成本大幅下降，因而工程师站的计算机也多采用 IPC。

其他外设（即外部设备）一般采用普通的标准键盘、图形显示器，打印机也可与操作员站共享。

(2) 工程师站的功能　　系统工程师站的功能主要包括对系统的组态功能及对系统的监督功能。

组态功能：工程师站的最主要功能是对 DCS 进行离线的配置和组态工作。在 DCS 进行配置和组态之前，它是毫无实际应用功能的，只有在对应用过程进行了详细的分析、设计并按设计要求正确地完成了组态工作之后，DCS 才成为一个真正适合于某个生产过程使用的应用控制系统。系统工程师在进行系统的组态工作时，可依照给定的运算功能模块进行选择、连接、组态和设定参数，用户无须编制程序。

监督功能：与操作员站不同，工程师站必须对 DCS 本身的运行状态进行监视，包括各个现场 I/O 控制站的运行状态、各操作员站的运行情况、网络通信情况等。一旦发现异常，系统工程师必须及时采取措施，进行维修或调整，以保证 DCS 能连续正常运行，不会因对生产过程失控造成损失。另外还具有对组态的在线修改功能，如上、下限定值的改变，控制参数的修整，对检测点甚至对某个现场 I/O 站的离线直接操作。

在集中操作监控级这一层，当被监控对象较多时还配有监控计算机；当需要与上下层网络交换信息时还需配备网间连接器。

四、经营管理级

经营管理级主要由高档微机或小型机担当的管理计算机构成，如图 12-1 所示的顶层部分。DCS 的经营管理级实际上是一个管理信息系统（Management Information System，简称 MIS），是由计算机硬件、软件、数据库、各种规程和人共同组成的工厂自动化综合服务体系和办公自动化系统。

MIS 是一个以数据为中心的计算机信息系统。企业 MIS 可粗略地分为市场经营管理、生产管理、财务管理和人事管理四个子系统。子系统从功能上应尽可能独立，子系统之间通过信息而相互联系。

DCS 的经营管理级主要完成生产管理和经营管理功能。比如进行市场预测，经济信息分析；对原材料库存情况、生产进度、工艺流程及工艺参数进行生产统计和报表；进行长期性趋势分析，做出生产和经营决策，确保最优化的经济效益等。

知识拓展

在计算机集散控制系统领域，2010 年以前，国际传统品牌借助其强大的技术、产品、品牌、行业，辅以清晰的行业市场策略，如 ABB 之于火电，Honeywell、Emerson 之于石化，均已确立了各自的行业的绝对统治地位，国产控制系统难以插足。2010 年之后，一些率先入局这一领域的国内品牌开始崭露头角，如和利时在电力方面，浙江中控技术股份有限公司在化工行业方面，都均已打破国外控制系统的垄断，进入了国产化独立自主的良性竞争轨道。

第二节　JX-300XP 集散控制系统

JX-300XP 集散控制系统是浙江中控技术股份有限公司于 1997 年在原有系统的基础上，吸收了最新的网络技术、微电子技术成果，充分应用了最新信号处理技术、高速网络通信技术、可靠的软件平台和软件设计技术以及现场总线技术，采用了高性能的微处理器和成熟的先进控制算法，全面提高了系统性能，运用新技术推出的新一代集散控制系统。

一、系统组成

JX-300XP 系统的基本组成包括工程师站（ES）、操作站（OS）、控制站（CS）和过程控制网 SCnet Ⅱ。

现场控制站：实时控制、直接与工业现场进行信息交互，是实现对物理位置、控制功能都相对分散的现场生产过程进行控制的主要硬件设备。

工程师站：工程师的组态、监视和维护平台。

操作（员）站：由工业 PC（Personal Computer，个人计算机）、显示器、键盘、鼠标、打印机等组成，是操作人员完成过程监控管理任务的人机界面。

过程控制网络：把控制站、操作站、通信接口单元等硬件设备连接起来，构成一个完整的分布式控制系统，实现系统各节点间相互通信的网络。

二、网络结构

JX-300XP 系统采用三层网络结构，如图 12-2 所示。

第一层网络是信息管理网 Ethernet（用户可选），采用以太网，用于工厂级的信息传送和管理，是实现全厂综合管理的信息共享通道。

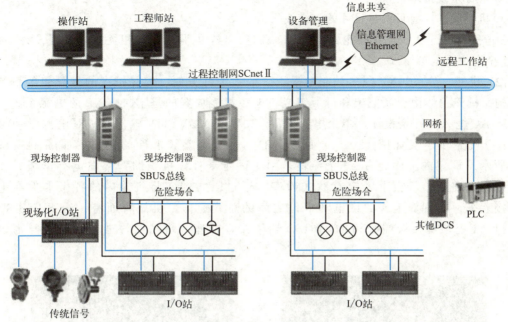

图 12-2　JX-300XP 系统总体结构示意图

第二层网络是过程控制网 SCnetⅡ，连接了系统的控制站、操作（员）站、工程师站、通信接口单元等，是传送过程控制实时信息的通道。双重化冗余设计，使得信息传输安全、高速。

第三层网络是控制站内部 I/O 控制总线，称为 SBUS 控制站内部 I/O 控制总线。主控制卡、数据转发卡、I/O 卡件都是通过 SBUS 进行信息交换的。SBUS 总线分为两层：双重化总线 SBUS-2 和 SBUS-S1 网络。主控制卡通过它们来管理分散于各个机笼中的 I/O 卡件。

三、系统硬件

JX-300XP 系统硬件主要指的是（现场）控制站硬件和工程师站/操作员站硬件。

1. 控制站硬件

控制站由主控（制）卡、数据转发卡、I/O 卡件、供电单元等构成。通过软件装置和硬件的不同配置可构成不同功能的控制结构。控制站内部以机笼为单元，机笼固定在机柜的多层机架上，相应的各类卡件、供电单元都固定在对应的机笼中。控制站的内部采用 SBUS 网络连接，是控制站各卡件之间进行信息交互的通道。

（1）机柜　如图 12-3 所示，机柜为拼装结构。
- 尺寸：2100×800×600
- 散热：风扇散热
- 外部安装：焊接或螺栓固定
- 内部安装：架装结构

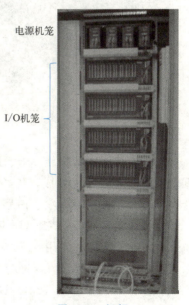

图 12-3　机柜

- 内含系统接地铜条
- 机柜底部：有可调整尺寸的电缆线入口
- 安装容量：1个电源机笼、4个I/O机笼、4个电源模块和相关的端子板、2个交换机、1个交流配电箱

(2) 机笼 JX-300XP DCS控制站采用了插拔卡件方便、容易扩展的带导轨的机笼框架结构。机笼主体由金属框架和母板组成。电源机笼放置的是JX-300XP的电源系统，采用双路AC输入，冗余设计，单个电源模块150W，DC5V/24V输出，一对电源模块可为3个I/O机笼供电。如图12-4(c)所示。I/O机笼是盛放卡件的机笼，如图12-4(a)、(b)所示。框架内部固定有20条导轨，用于固定卡件，机笼的背部固定有母板，其介质为印刷电路板。母板上固定有欧式插座，通过欧式插座将机笼内的各个卡件在电气上连接起来。实现对卡件的供电和卡件之间的总线通信。机笼背面有4个SBUS-S2网络接口，1组电源接线端子和16个I/O端子接口插座，现场信号通过端子板与I/O卡件相连。

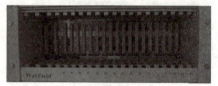

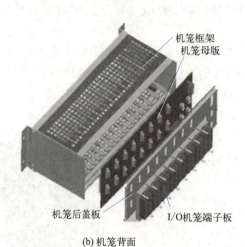

图12-4 机笼

(3) 主控卡、数据转发卡、I/O卡 控制站卡件位于控制站机笼内，主要由主制卡、数据转发卡和I/O卡件组成，各类卡件在机笼中的位置如图12-5所示。卡件按一定的规则组合在一起，完成信号采集、信号处理、信号输出、控制、计算、通信等功能。

卡件命名规则为：XP ABCD-E

A：系统分类号，用0～5表示，其中，0：操作站硬件；1：软件；2：控制站硬件；3：控制站I/O卡件；4：网络部件；5：端子部件。B：部件分类号，用0～9表示。C：部件序号，用1～9表示。D：改进号，用A、B、C……Z表示。E：零部件序号，用1～9表示。

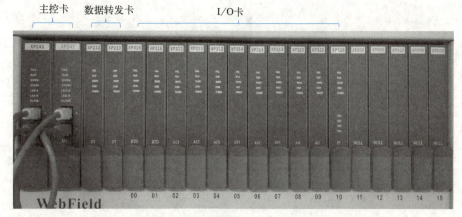

图 12-5　各类卡件在机笼中的摆放位置

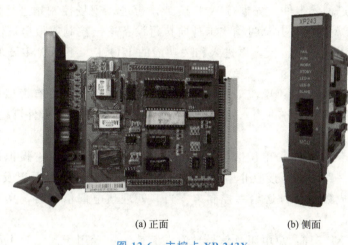

(a) 正面　　　　(b) 侧面

图 12-6　主控卡 XP 243X

① 主控卡 XP 243X。如图 12-6 所示，主控卡用于协调控制站内部所有的软硬件关系，执行各项控制任务，与操作员站通信，是 JX-300XP 系统的软件核心，相当于整个系统的大脑。其主要功能包括：I/O 处理、控制运算、上下网络通信控制、诊断。主控卡通过数据转发卡实现与 I/O 卡件的信息交换。利用信号输入卡周期性地采集现场实时过程信息，在主控卡内执行综合运算处理后，通过信号输出卡输出控制信号，实现对现场控制对象的实时控制。

② 数据转发卡 XP 233。数据转发卡是系统 I/O 机笼的核心单元，它相当于整个系统的神经系统，起信号传递的功能，是主控制卡连接 I/O 卡件的中间环节，如图 12-7 所示。它一方面驱动 SBUS 总线，另一方面管理本机笼的 I/O 卡件，利用 XP233 可实现一块主控卡扩展 1~8 个卡件机笼。

③ 各类 I/O 卡件及端子板。如图 12-8 所示，I/O 卡件是信号的输入输出卡，来自过程

图 12-7　数据转发卡 XP 233

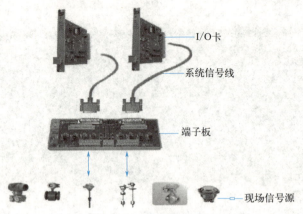

图 12-8　各类 I/O 卡件及端子板

对象的被测信号通过输入卡件，先进行 A/D 转换，再进入现场控制站进行数据处理，处理后的数据信号经 D/A 转换，并通过输出卡件向执行设备送出控制或报警灯信息。JX-300XP 系统现场信号线采用端子板转接，再进入相关功能的 I/O 卡。下面对主要的 I/O 卡件进行简单介绍。

电流信号输入卡 XP 313：电流信号输入卡是一块智能型的、带有模拟量信号调理、组组隔离的六路信号采集卡，并可为六路变送器提供 24V 隔离电源。卡件可处理 0～10mA 和 4～20mA 电流信号。

电压信号输入卡 XP 314：电压信号输入卡是一块智能型的、带有模拟量信号调理的六路信号采集卡，每一路分别可接收Ⅱ型、Ⅲ型标准电压信号、毫伏信号以及各种型号的热电偶信号，将其转换成数字信号送给主控制卡。当其处理热电偶信号时，具有冷端温度补偿功能。

热电阻输入卡 XP 316：热电阻（信号）输入卡是一块专用于测量热电阻信号的、点点隔离的、可冗余的 4 路 A/D 转换卡，每一路分别可接收 Pt100、Cu50 两种热电阻信号，将其调理后转换成数字信号送给主控制卡。

电流信号输出卡 XP 322：XP 322 模拟信号输出卡为 4 路点点隔离型电流（Ⅱ型或Ⅲ型）信号输出卡。作为带 CPU 的高精度智能化卡件，具有自检和实时检测输出状况功能，它允许主控制卡监控正常的输出电流。

触点型开关量输入卡 XP 363：XP 363 卡是 8 路数字量信号输入卡，该卡件能够快速响应干触点输入，实现数字信号的准确采集。此卡为智能型卡件，具有卡件内部软硬件（如 CPU）运行状况在线检测功能（包括对数字量输入通道工作是否正常进行自检）。

开关量输出卡 XP 362：XP 362 是智能型 8 路无源晶体管开关触点输出卡，该卡件可通过中间继电器驱动电动控制装置。此卡件采用光电隔离，隔离通道部分的工作电源通过 DC-DC 电路转化而来，不提供中间继电器的工作电源。具有输出自检功能。

2. 工程师站/操作员站硬件

工程师站用于工程设计、系统扩展或维护功能，使用 PC 机或工控机作硬件平台，也可由操作员站硬件代替，安装 Windows 操作系统和 AdvanTrol-PRO 实时监控软件、组态软件包等。操作员站是操作人员完成过程监控任务的操作平台，采用 PC 机或工控机作硬件平台，由显示器、主机、操作员键盘、鼠标、操作站狗组成，安装 Windows 操作系统和

AdvanTrol-PRO 实时监控软件。

四、系统软件

JX-300XP 系统软件采用 AdvanTrol-PRO 软件包的形式实现系统组态、数据服务和实时监控功能。AdvanTrol-PRO 软件包分成系统监控软件和系统组态软件两大部分。其中系统组态软件包括授权管理模块（SCReg）、控制组态模块（SCKey）、流程图制作模块（SCDrawEx）、报表制作模块（SCFormEx）、二次计算组态模块（SCTask）、SCX 语言编程模块（SCLang）、图形化编程模块（SCControl）等。

系统监控软件包括实时监控模块（AdvanTrol）、故障分析模块（SCDiagnose）、ModBus 数据连接模块（AdMBLink）、OPC 实时数据服务器模块（AdvOPCServer）等。

五、系统的特点

JX-300XP 系统作为新一代集散控制系统，具有以下优点：

① 高速、可靠、开放的过程控制网 SCnetⅡ。采用双重化冗余结构的工业以太网络，具有完善的在线诊断、查错、纠错能力。通过挂接网桥可以与其他厂家设备连接，实现了系统的开放性与互联性。

② 分散、独立、功能强大的控制站。各个独立的现场控制站可以通过相应的各种卡件实现对现场过程信号的采集、处理与控制。

③ 多功能的协议转换接口。JX-300XP 系统通过多功能的协议转换接口实现与智能化、数字化仪表通信互联的功能。

④ 全智能化卡件设计、可任意冗余配置。现场控制站的系统卡件均采用专用的微处理器，负责系统卡件的控制、检测、运算、处理以及故障诊断等工作。这些卡件均可按需求决定是否冗余配置。

⑤ 简单、易用的组态手段和工具。

⑥ 丰富、实用、友好的实时监控界面。

⑦ 事件记录功能。JX-300XP 系统提供了强大的事件记录功能，并配以相应的存取、分析、打印、追忆等软件。

⑧ 与异构化系统的集成。通过网关卡，系统可以解决与其他厂家智能设备的互联问题。

第三节 信号报警和联锁保护系统

自动信号报警和联锁保护系统包括信号报警和联锁保护两部分。信号报警起到自动监视的作用，当工艺参数超限或运行状态异常时，以灯光或音响的形式发出报警提醒操作人员注意；联锁保护系统是一种自动操作系统，能使有关设备按照规定的条件或程序完成操作任务，达到消除异常、防止事故的目的。

自动报警联锁保护系统的组成如图 12-9 所示。

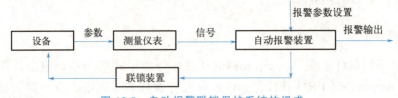

图 12-9 自动报警联锁保护系统的组成

一、信号报警系统

在化工生产过程中，当温度、压力、流量、液位、密度等工艺参数在规定的范围之内时，工艺设备处于正常的工作状态。如果工艺参数超出正常范围，或工艺设备处于异常运行状态，就应及时检测出来，并发出相应的信号，即报警信号。

1. 报警系统的组成

信号报警系统由故障检测元件和信号报警器以及其附属的信号灯、音响器和按钮等组成。当工艺变量超限时，故障检测元件的接点会自动断开或闭合，并将这一结果送到报警器。故障检测元件可以单设，如锅炉汽包液位、转化炉炉温等重要的报警点。有时可以利用带电接点的仪表作为故障检测元件，如电接点压力表、带报警的调节器等，当变量超过设定的限位时，这些仪表可以给报警器提供一个开关信号。

信号报警器包括有触点的继电器箱、无触点的盘状闪光报警器和晶体管插卡式逻辑监控系统。信号报警器及其附件均装在仪表盘后，或装在单独的信号报警箱内。信号灯和按钮一般装在仪表盘上，便于操作。即使在 DCS 控制系统中，除在显示器上进行报警、通过键盘操作外，重要的工艺点也在操作台上单独设置信号灯和音响器。

信号灯的颜色具有特定的含义：红色信号灯表示停止、危险，是超限信号；乳白色的灯是电源信号；黄色信号灯表示注意、警告或非第一原因事故；绿色信号灯表示正常。

通常确认按钮（消音）为黑色，试验按钮为白色。

2. 报警系统的类型

报警系统可以根据情况的不同设计成多种形式，如一般信号报警系统、能区别事故第一原因的信号报警系统和能区别瞬间原因的信号报警系统。按照是否闪光可以分成闪光报警系统和不闪光报警系统。

(1) 一般信号报警系统 当变量超限时，故障检测元件发出信号，闪光报警器动作，发出声音和闪光信号。操作人员在得知报警后，按下确认（消音）按钮，消除音响，闪光转为平光，直至事故的变量回到正常范围后，灯熄灭，报警系统恢复到正常状态。工作情况如表 12-1 所示。

表 12-1 一般闪光报警系统的灯光及音响类型

工作状态	报警灯	音响器
正常	灭	不响
不正常	闪光	响
确认(消音)	平光	不响
恢复正常	灭	不响
试验	全亮	响

(2) 能区别事故第一原因的信号报警系统 当有数个事故相继出现时,几个信号灯会差不多同时亮,这时让第一原因事故变量的报警灯闪亮,其他报警灯平光,以区别第一事故。即使按下确认按钮,仍有平光和闪光之分。工作情况如表12-2所示。

表12-2 能区别第一原因的闪光报警系统的灯光及音响类型

工作状态	第一原因报警灯	其余报警灯	音响器
正常	灭	灭	不响
不正常	闪光	平光	响
确认(消音)	闪光	平光	不响
恢复正常	灭	灭	不响
试验	全亮	全亮	响

(3) 能区别瞬间原因的信号报警系统 生产过程中发生瞬间超限往往潜伏着更大的事故。为了避免这种隐患,一旦超限就立即报警。设计报警系统时,用灯是否闪光的情况来区分是否是瞬间报警。报警后,按下确认按钮,如果灯熄灭,则是瞬间原因报警;如果灯变为平光,则是持续事故。工作情况如表12-3所示。

表12-3 能区别瞬间原因的信号报警系统的灯光及音响类型

工作状态		报警灯	音响器
正常		灭	不响
不正常		闪光	响
确认(消音)	瞬间事故	灭	不响
	持续事故	平光	不响
恢复正常		灭	不响
试验		全亮	响

二、联锁保护系统

联锁是二进制的逻辑控制,即通过逻辑运算产生二进制输出信号的控制。

在工艺生产过程中,当一个工艺参数超出正常范围,或一台工艺设备处于异常状态时,如不采取措施将会发生更为严重的事故,此时,通过自动联锁系统,按照事先设计好的逻辑关系动作,自动启动备用设备或自动停车,切断与事故设备有关的各种联系,以避免事故的发生或限制事故的发展,防止事故的进一步扩大,保护人身和设备安全。联锁保护系统实质上是一种自动操纵保护系统。

1. 联锁保护的内容

(1) 工艺联锁 由于工艺系统某变量超限而引起联锁动作,称为工艺联锁。如合成氨装置中,锅炉给水流量越过下限时,自动开启备用透平给水实现工艺联锁。

(2) 机组联锁 运转设备本身或机组之间的联锁,称为机组联锁。例如合成氨装置中合成气压缩机停车系统,有冰机停、压缩机轴位移等22个因素与压缩机联锁,都会停压缩机。

(3) 程序联锁 确保按规定程序或时间次序对工艺设备进行自动操纵。例如锅炉引火烧嘴检查与回火脱火时中断燃料气的联锁。

2. 联锁系统的作用

当工艺参数越限、工艺设备故障、联锁部件失电或元件本身故障时,系统能自动或手动地将工艺操作转换到预先设定的位置,使工艺装置处于安全的生产状态中,具体包括以下 5 个方面的作用。

① 信号报警。
② 调度指挥生产。
③ 利用信号联锁,实现生产的自动化或半自动化。
④ 利用信号联锁,实现简单的顺序或程序控制。
⑤ 对生产过程中的不正常运行状态进行监控。

3. 联锁系统的组成

联锁系统主要由以下 3 个部分组成。

(1) 输入部分 接收工艺信号、操作按钮、就地开关及高低限报警等。

(2) 输出部分 包括终端执行元件,有报警显示元件(灯、笛等)和操纵设备的执行元件(电磁阀、启动器等)。将逻辑运算的结果通过输出模块输送到现场阀门、开关、继电器并执行运算结果或在操作屏幕上显示。

(3) 逻辑控制部分 逻辑控制部分把输入与输出联系起来,现在主要使用 PLC、DCS、ESD,通过可编顺序(或程序)控制软件方式,将各种输入条件根据工艺的安全性、时序性、备用性等特点按逻辑关系进行动作。

> **即学即练**
> ① 你能区别工艺联锁、机组联锁、程序联锁有什么不同吗?
> ② 你知道高限报警和高高限报警、低限报警和低低限报警的区别吗?

第四节 ESD 紧急停车装置系统

一、定义

ESD 是 Emergency Shutdown Device 的简称,中文的意思是紧急停车装置系统,是一种安全仪表系统,也可以称为安全联锁系统(Safety Interlock System,SIS)、安全关联系统(Safety Related System,SRS)、仪表保护系统(Instrument Protective System,IPS)等。它是一种经专门机构认证、具有一定安全等级、用于降低生产过程风险的安全保护系统。它不仅能够响应生产过程因超出安全极限而带来的危险,而且能检测和处理自身的故障,从而按预定的条件或程序使生产过程处于安全状态,以确保人员、设备及工厂周边环境的安全。

ESD 与 DCS 二者都是用于保障化工装置生产安全的。但是二者又有着显著的不同。DCS 系统的主要作用在于控制生产过程中动态参数指标,确保在安全生产的前提下可以生产出符合产品设计要求的产品。而 ESD 系统则是对于生产过程中的一些关键性的工艺以及设备参数进行不间断检测的。所以通常情况下 ESD 系统是静态的,凌驾于生产过程控制之上,实时在线监测装置的安全性,它不会产生任何的动作,但一旦生产过程中的参数出现异常或是设备出现故障,ESD 系统就会依照既定的程序进行相应的安全处理的动作,以确保整个装置都能够符合安全生产的要求。

二、构成

随着计算机技术、控制技术、通信技术的发展,ESD 紧急停车装置系统的设备配置也不断更新换代,由简单到复杂,由低级到高级,但不管怎么变化,其基本组成大致可分为三部分:检测单元、逻辑运算单元、最终执行单元。如图 12-10 所示。

图 12-10 ESD 系统结构图

① 检测单元采用多台仪表或系统,将控制功能与安全联锁功能隔离,即检测单元采用分开独立配置的原则,做到 ESD 仪表系统与过程控制系统的实体分离。

② 逻辑运算单元包括输入模块、控制模块、输出模块三部分,逻辑运算单元根据输入模块的输入信息自动进行周期性故障诊断,基于自诊断测试的 ESD 仪表系统,具有特殊的硬件设计,借助于安全性诊断测试技术保证安全性。

③ 执行单元是 ESD 仪表系统中危险性最高的设备。由于 ESD 仪表系统在正常工况时是静态的,如果 ESD 控制系统输出不变,则执行单元一直保持在原有的状态,很难确认执行单元是否有危险故障,所以执行单元仪表的安全度等级的选择十分重要。

三、ESD 的配置方案

1. ESD 设计应遵循的原则

① 原则上应独立设置(含检测和执行单元)。
② 中间环节最少。
③ 应为故障安全型。
④ 采用冗余容错结构。

2. ESD 的故障安全原则

故障安全原则是指当外部或内部原因使 ESD 紧急停车装置系统失效时,被保护的对象应按预定的顺序安全停车,自动转入安全状态。具体内容如下:

① 现场开关仪表选用常闭触点,工艺生产正常时,触点闭合,达到报警或联锁极限时触点断开,触发联锁或报警动作。为了提高安全性可以采用"二选一""二选二""三选二"配置。

② 电磁阀采用正常励磁,报警或联锁没有动作时,电磁阀线圈带电,触点闭合;报警或联锁动作时,电磁阀线圈失电,触点断开。

③ 送往电气配电室的开关触点电流信号应使用中间继电器隔离,其励磁电路应为故障安全型。

④ 所谓控制装置的故障安全是指当其自身出现故障而不是工艺或设备超过极限指标时，控制装置应该联锁动作同时按照预定的顺序安全停车，从而确保设备和人身的安全。

ESD 紧急停车装置系统按照安全独立原则要求，独立于 DCS 集散控制系统，其安全级别高于 DCS。在正常情况下，ESD 系统是处于静态的，不需要人为干预，作为安全保护系统，凌驾于生产过程控制之上，实时在线监测装置的安全性。只有当生产装置出现紧急情况时，不需要经过 DCS 系统，而直接由 ESD 发出保护联锁信号，对现场设备进行安全保护，避免危险扩散造成巨大损失。一般安全联锁保护功能也可由 DCS 来实现。

技能训练七　闪光报警器的工作原理认识和使用实验

一、实训目的

① 了解闪光报警器的工作原理。
② 熟悉闪光报警器的正确使用方法及应用。
③ 培养学生提升对自动化装置的兴趣。

二、实训设备

实训设备见表 12-4。

表 12-4　实训设备表

序号	名称	型号	数量
1	工业自动化仪表装置	THPYB-1	1
2	计算机	清华同方超扬 A500	1
3	伺服放大器	ZPE-3101	1
4	电动操作器	DFD-1000	1
5	离心泵	PB-HI69EA	1
6	智能调节仪Ⅰ	AI	1
7	智能调节仪Ⅱ	AI	1
8	闪光报警器	XXS-03A	1
9	电铃	UCZ4-75	1
10	组态软件	MCGS	1
11	螺丝刀	十字	1
12	螺丝刀	一字	1
13	导线	3 号	若干

三、实训任务及实训装置图

表 12-5　实训任务

任务一	正确连接仪表控制柜中的信号线
任务二	智能仪表的参数设置
任务三	复合加热水箱内胆加水

续表

任务四	复合加热水箱的加热及测量
任务五	精度计算

实训装置图见图 3-19 所示。

四、实训步骤

① 智能仪表参数如上、下限值和正、负偏差值根据实际情况设置，本实训装置可以对温度、流量、液位和压力四大热工参数进行报警设置。本实验采用液位参数。

② 将扩散硅压力变送器和电容式压力变送器的信号输出端子分别接到智能调节仪Ⅰ和智能调节仪Ⅱ的"电压信号输入"端。将智能调节仪Ⅰ的 AL1、AL2 输出端接到闪光报警仪的"DI5，公共端"和"DI6，公共端"，将智能调节仪Ⅱ的 AL1、AL2 输出端接到闪光报警仪的"DI1，公共端"和"DI2，公共端"。

③ 打开空气开关，并分别打开智能调节仪开关、闪光报警器开关、电动执行器开关。

④ 智能仪表Ⅰ参数设置：HIAL＝999.9、LOAL＝－199.9、DHAL＝5、DLAL＝5、DF＝0、SV＝20、SN＝33、DIP＝1、DIL＝0、DIH＝50、OPL＝0、OPH＝100、ALP＝8、ADDR＝1、baud＝9600。

⑤ 智能仪表Ⅱ参数设置：HIAL＝45、LOAL＝5、DHAL＝999.9、DLAL＝999.9、DF＝0、SV＝20、SN＝33、DIP＝1、DIL＝0、DIH＝50、OPL＝0、OPH＝100、ALP＝2、ADDR＝2、baud＝9600。

⑥ 开启上位机，打开 MCGS 组态软件选择"工业自动化仪表工程"，按 F5 进入运行环境，点击"实验二、闪光报警器的认识实验"进入实验界面。

⑦ 当 PV＞HIAL 时产生上限报警，此时闪光报警器的信号灯开始闪烁，电铃发出铃声，若按下"清除"按钮，电铃消音。当 PV＜HIAL 时，上限报警解除。

⑧ 当 PV＜LOAL 时产生下限报警，此时闪光报警器的信号灯开始闪烁，电铃发出铃声，若按下"清除"按钮，电铃消音。当 PV＞LOAL 时，下限报警解除。

⑨ 当正偏差（测量值 PV－给定值 SV）大于 DHAL＋DF 时产生正偏差报警。此时闪光报警器的信号灯开始闪烁，电铃发出铃声，若按下"清除"按钮，电铃消音。当正偏差小于 DHAL－DF 时，正偏差报警解除。

⑩ 当负偏差（给定值 SV－测量值 PV）大于 DLAL＋DF 时产生负偏差报警。此时闪光报警器的信号灯开始闪烁，电铃发出铃声，若按下"清除"按钮，电铃消音。当负偏差小于 DLAL－DF 时，负偏差报警解除。

五、实训作业

完成实训报告。

六、问题讨论

各组总结在操作过程中遇到的问题、原因及采取的措施。

知识巩固

一、选择题

1．（多选题）一个最基本的 DCS 应包括：（　　）。

A. 一台现场控制站
B. 一台操作员站
C. 一台工程师站（操作员站与工程师站可共用）
D. 系统通信网络

2. 功能分层是集散控制系统的体系特征，反映了集散控制系统的（　　）的特点。
A. 集中控制、集中管理　　　　　　　B. 分散控制、分散管理
C. 分散控制、集中管理　　　　　　　D. 分散控制、自动管理

3. （多选题）典型 DCS 组成结构包含（　　）功能模块。
A. 现场控制级　　B. 过程控制级　　C. 过程管理级　　D. 经营管理级

4. JX-300XP 集散控制系统是（　　）推出的新一代集散控制系统。
A. ABB
B. 和利时
C. Honeywell
D. 浙江中控技术股份有限公司

5. （多选题）自动信号报警和联锁保护系统包括哪几部分？（　　）
A. 信号报警　　B. 联锁保护　　C. 自动操纵　　D. 定时启动

6. 信号灯的颜色具有特定的含义，红色信号灯表示（　　）。
A. 停止、危险，是超限信号　　　　　B. 电源信号
C. 注意、警告或非第一原因事故　　　D. 正常

7. 信号灯的颜色具有特定的含义，绿色信号灯表示（　　）。
A. 停止、危险，是超限信号　　　　　B. 电源信号
C. 注意、警告或非第一原因事故　　　D. 正常

8. 信号灯的颜色具有特定的含义，黄色信号灯表示（　　）。
A. 停止、危险，是超限信号　　　　　B. 电源信号
C. 注意、警告或非第一原因事故　　　D. 正常

9. 由于工艺系统某变量超限，而引起联锁动作，称为（　　）。
A. 工艺联锁　　B. 机组联锁　　C. 程序联锁　　D. 变量联锁

10. 确保按规定程序或时间次序对工艺设备进行自动操纵，称为（　　）。
A. 工艺联锁　　B. 机组联锁　　C. 程序联锁　　D. 变量联锁

11. ESD 仪表系统中危险性最高的设备是（　　）。
A. 检测单元　　B. 执行单元　　C. 逻辑运算单元　　D. 自我诊断单元

二、简答题

1. JX-300XP 系统包括哪些基本组成？
2. JX-300XP 系统采用什么样的网络结构？
3. 什么是自动信号报警和联锁保护系统？
4. 故障安全原则的作用是什么？

第十三章　仪表的日常维护与故障处理

学习引导

2018年3月12日16时14分，江西九江一石化企业柴油加氢装置原料缓冲罐（设计压力0.38MPa）发生爆炸着火事故，造成2人死亡、1人轻伤。经初步分析，事故直接原因是循环氢压缩机因润滑油压力低而停机后，加氢原料进料泵随即联锁停泵，但因泵出口未设置紧急切断阀且单向阀功能失效，加之操作人员未能第一时间关闭泵出口手阀，反应系统内高压介质（压力5.7MPa）通过原料泵出入口倒窜入加氢原料缓冲罐，导致缓冲罐超压爆炸着火。

事故暴露出以下突出问题：一是事故装置老旧，其加氢原料进料泵出口当时没有设置紧急切断阀，在后来多次改造中也没有进行完善，本质安全水平低，埋下安全隐患。二是设备设施维护保养不到位，未及时对泵出口单向阀进行检查维护，事故后拆检发现单向阀已失效。三是仪表故障的应急处置不到位。循环氢压缩机润滑油压低报警后，长时间未能排除故障，处理过程中引起润滑油压力低联锁停机；循环氢压缩机停机后，未能第一时间关闭加氢原料进料泵出口手阀，切断高压窜低压的通路。

本章将着重讨论化工类过程检测与控制仪表的日常维护、常见故障的处理方法。

学习目标

（1）知识目标　了解仪表故障分析方法；熟悉理解仪表故障的原因；掌握化工仪表日常维护的重点工作内容、常见故障及其处理的方法。

（2）能力目标　能根据生产要求和操作规范熟练开展仪表的日常维护；能正确地分析仪表故障原因并能及时处理。

（3）素质目标　培养一丝不苟、精益求精的工匠精神；树立安全生产意识。

第一节　仪表的日常维护

过程检测与控制仪表的日常维护是一件十分重要的工作，它是保证生产安全和平稳操作诸多环节中不可缺少的一环，仪表日常维护保养体现出全面质量管理预防为先的思想，仪表工应当认真做好仪表的日常维护工作，保证仪表正常运行。仪表日常维护重点有以下几项工作内容：①巡回检查；②定期润滑；③定期排污；④保温伴热；⑤故障处理。

一、巡回检查

仪表工一般都有自己所辖仪表维护保养责任区,根据所辖责任区仪表分布情况,选定最佳巡回检查路线,每天至少巡回检查一次,巡回检查时,仪表工应向当班工艺人员了解仪表运行情况。

1. 巡回检查的内容

① 查看仪表指示、记录是否正常,现场一次仪表(变送器)指示和控制室显示仪表、调节仪表指示值是否变化一致,调节器输出指示和调节阀阀位是否一致等(通常需两位仪表工同时观察。若生产变化不大,生产现场和控制室观察,有一个时间差是正常的)。

② 查看仪表电源电压是否在规定范围内[DDZ-Ⅲ型仪表用24V(DC)电源,要检查电源电压是否在规定范围内]、气源(0.14MPa)是否达到额定值。

③ 检查仪表保温、伴热状况。

④ 检查仪表本体和连接件损坏和腐蚀情况。

⑤ 检查仪表和工艺接口泄漏情况。

⑥ 查看仪表完好状况。

注:仪表完好状况可参照中国石化出版社出版的《石油化工设备维护检修规程:仪表》(2019年版)进行检查。

2. 实例分析

举例如下:根据 JJG-1029—2007《涡街流量计维护检修规程》,涡街流量计完好条件如下。

① 零部件完整,符合技术要求,即:

a. 铭牌应清晰无误。

b. 零部件应完好齐全并规格化。

c. 紧固件不得松动。

d. 插接件应接触良好。

e. 端子接线应牢靠。

f. 可调件应处于可调位置。

g. 密封件应无泄漏。

② 运行正常,符合使用要求,即:

a. 运行时,仪表应达到规定的性能指标。

b. 正常工况下仪表示值应在全量程的 20%~80%。

c. 累积用机械计数器应转动灵活,无卡涩现象。

③ 设备及环境整齐、清洁,符合工作要求,即:

a. 整机应清洁、无锈蚀,漆层应平整、光亮、无脱落。

b. 仪表管线、线路敷设整齐,均要做固定安装。

c. 在仪表外壳的明显部位应有表示流体流向的永久性标志。

d. 管路、线路标号应齐全、清晰、准确。

④ 技术资料齐全、准确,符合管理要求,即:

a. 说明书、合格证、入厂检定证书应齐全。

b. 运行记录、故障处理记录、校准记录、零部件更换记录应准确无误。
c. 系统原理图和接线图应完整、准确。
d. 仪表常数及其更改记录应齐全、准确。
e. 防爆型仪表生产厂必须有防爆鉴定机关颁发的防爆合格证。
f. 应有完整的累积器的设定（或编程）数据记录。

二、定期润滑

定期润滑也是仪表工日常维护的一项内容，但在具体工作中往往容易忽视。定期润滑的周期根据具体情况确定，一个月和一季度均可。

重要定期润滑的仪表和部件如下：

① 椭圆齿轮流量计、转子流量计等现场指示部分齿轮传动部件。
② 气动长行程执行机构的传动部件。
③ 气动凸轮挠曲阀转动部件。
④ 气动切断球阀转动部件。
⑤ 气动蝶阀转动部件。
⑥ 调节阀椭圆形压盖上的毡垫。
⑦ 记录仪（自动平衡电桥、自动电子电位差计）的传动机构。
⑧ 保护箱、保温箱的门轴。

三、定期排污

定期排污主要有两项工作，其一是排污，其二是定期进行吹洗。这项工作应因地制宜，并不是所有过程检测仪表都需要定期排污。

1. 排污

排污主要是针对差压变送器、压力变送器、浮筒液位计等仪表，由于测量介质含有粉尘、油垢、微小颗粒等，容易在导压管内沉积（或在取压阀内沉积），会直接或间接影响测量。排污周期可由仪表工根据实践自行确定。

定期排污应注意事项如下：

① 排污前，必须和工艺人员联系，取得工艺人员认可才能进行。
② 流量、压力或液位调节系统排污前，应先将自动切换到手动，保证调节阀的开度不变。
③ 对于差压变送器，排污前先将三阀组正、负压阀关死。
④ 排污阀下放置容器，慢慢打开正、负压导压管排污阀，使物料和污物进入容器，防止物料直接排入地沟；否则，不仅污染环境，而且造成浪费。
⑤ 由于阀门质量差，排污阀门开关几次之后可能会出现关不死的情况，应急措施是加盲板，保证排污阀处不泄漏，以免影响精确度。
⑥ 开启三阀组正、负取压阀，拧松差压变送器本体上排污（排气）螺钉进行排污，排污完成后拧紧螺钉。
⑦ 观察现场指示仪表，直至输出正常，若是调节系统，将手动切换成自动。

2. 吹洗

吹洗是利用吹气或冲液使被测介质与仪表部件或测量管线不直接接触，以确保测量仪表实施测量的一种方法。吹气是通过测量管线向测量对象连续定量地吹入气体。冲液是通过测量管线向测量对象连续定量地冲入液体。

四、保温伴热

检查仪表保温伴热，是仪表工日常维护工作的内容之一，它关系到节约能源，防止仪表冻坏，保证仪表测量系统正常运行，是仪表维护不可忽视的一项工作。

这项工作的地区性、季节性比较强。冬天，仪表工巡回检查应观察仪表保温状况，检查安装在工艺设备与管线上的仪表，如椭圆齿轮流量计、电磁流量计、漩涡流量计（涡街流量计）、涡轮流量计、质量流量计、法兰式差压变送器、浮筒液位计和调节阀等保温状况，观察保温材料是否脱落，是否被雨水打湿造成保温材料不起作用。个别仪表需要保温伴热时，要检查伴热状况，发现问题及时处理。

此外，还需检查差压变送器和压力变送器导压管线保温情况，检查保温箱保温情况。差压变送器和压力变送器导压管内物料由于处在静止状态，有时除保温以外尚需伴热，伴热有电伴热和蒸汽伴热。对于电伴热应重点检查电源电压、温度设定值等参数，温度值应根据被测介质的特性设定，以被测介质不被汽化且不结晶（结冰）为宜，保证仪表正常运行。蒸汽伴热是化工企业最常见的伴热形式。对于蒸汽伴热，由于冬天气温变化很大，温差可达20℃左右，仪表工应根据气温变化调节伴热蒸汽流量。蒸汽流量大小可通过观察伴热蒸汽管疏水器排汽状况决定，疏水器连续排汽说明蒸汽流量过大，很长时间不排汽说明蒸汽流量太小。要注意的是伴热蒸汽量不是愈大愈好，对于沸点比较低的物料保温伴热过高，会出现汽化现象，导压管内出现气液两相，引起输出振荡，所以根据冬天天气变化及时调整伴热蒸汽量是十分必要的。

五、仪表开、停车注意事项

生产企业开车、停车很普遍。短时间停车对仪表影响不大，工艺人员根据仪表进行停车或开车操作即可。这里讲的开、停车主要指全厂大检修时全厂范围内的停车和开车，或者某个产品由于产品滞销、原材料供应不上等原因需要较长一段时间停车然后再开车的情况。

1. 仪表停车

仪表停车注意事项如下。

① 和工艺人员密切配合。

② 了解工艺停车时间和化工设备检修计划。

③ 根据化工设备检修进度，拆除安装在该设备上的仪表或检测元件，以防止在检修化工设备时损坏仪表。在拆卸仪表前先停仪表电源或气源。

④ 根据仪表检修计划，及时拆卸仪表。拆卸贮槽上法兰式差压变送器时，一定要注意确认贮槽内物料已空才能进行。若物料倒空有困难，必须确保被测液面在安装仪表法兰口以下，待仪表拆卸后，及时装上盲板。

⑤ 拆卸热电偶、热电阻、电动变送器等仪表后，电源电缆和信号电缆接头分别用绝缘胶布、黏胶带包好，妥善放置。

⑥ 拆卸压力表、压力变送器时，要注意取压口可能会出现堵塞现象，造成局部憋压使物料冲出来伤害仪表工。正确操作是先松动安装螺栓，排气，排残液。待气、液排完后再卸下仪表。

⑦ 对于气动仪表、电气阀门定位器等，要关闭气源，并松开过滤器减压阀接头。

⑧ 拆卸孔板时，要注意孔板方向。由于孔板对直管段的要求，工艺管道支架可能较少。要防止工艺管道一端下沉，给安装孔板带来困难。

⑨ 拆卸仪表的位号要放在明显处，安装时对号入座，防止同类仪表由于量程不同安装混淆，造成仪表故障。

⑩ 带有联锁的仪表，须先切换至手动然后再拆卸。

2. 仪表开车

仪表开车注意事项如下：

① 仪表开车要和工艺密切配合。要根据工艺设备、管道试压试漏要求及时安装仪表，不因仪表影响工艺开车进度。

② 由于全厂大修拆卸仪表数量很多。安装时一定要注意仪表位号，对号入座。否则仪表不对号安装，出现故障很难发现。

③ 在线仪表和控制室内仪表安装接线完毕，经检查确认无误后，分别开启电源箱自动开关以及每一台仪表电源开关，对仪表进行供电。用24V（DC）电源要特别注意输出电压值，防止过高或偏低。

④ 进行气源排污。排污时，分别按顺序对气源总管、气源分管、气阀门定位器所配减压阀、其他气动仪表、气动切断球阀等配置的过滤器减压阀、控制室气动仪表配置的气源总管等进行排污。待排污后再供气，防止气源不干净造成恒节流孔堵塞等现象，使仪表出现故障。

⑤ 孔板等节流装置安装要注意方向，防止装反。要查看前后直管段内壁是否光滑、干净，有脏物要及时清除，管内壁不光滑用锉、砂布打光滑。环室要在管道中心，孔板垫和环室垫要注意厚薄，材料要准确，尺寸要合适。节流装置安装完毕要及时打开取压阀，以防开车时没有取压信号。取压阀开度建议手轮全开后再返回半圈。

⑥ 调节阀安装时注意阀体箭头和流向一致。若物料比较脏，可打开前后截止阀冲洗后再安装（注意物料回收或污染环境），前后截止阀开度应全开后再返回半圈。

⑦ 采用单法兰差压变送器测量密闭容器液位时，用负压连通管的办法迁移气相部分压力。这种测量方法是在负压连通管内充液，因此当重新安装后，要注意在负压连通管内加液。加液高度和液体密度的乘积等于法兰变送器的负迁移量。加液一般和被测介质即容器内物料相同。

⑧ 用隔离液加以保护的差压变送器、压力变送器，重新开车时，要注意在导压管内加满隔离液。

⑨ 气动仪表信号管线上的各个接头都应用肥皂水进行试漏，防止气信号泄漏造成测量误差。

⑩ 当用差压变送器测量蒸汽流量时，应先关闭三阀组正、负取压阀门，打开平衡阀，检查零位。待导压管内蒸汽全部冷凝成水后再开表，防止蒸汽未冷凝时开表出现振荡现象。也可采用另一种安装方式，即环室取压阀后加一个隔离罐，在开表前向通过隔离罐的导压管内充冷水，这样在测量蒸汽流量时就可以立即开表，不会引起振荡。

⑪ 热电偶补偿导线接线注意正、负极性，不能接反。热电阻A、B、C三线注意不要混淆。

⑫ 检修后仪表开车前应进行联动调校，即现场一次仪表（变送器、检测元件等）和控

制室二次仪表（盘装、架装、计算机接口等）指示一致，或者一次仪表输出值和控制室内架装仪表（配电器、安保器、DCS 输入接口）的输出值一致。检查调节器输出、DCS 输出、手操器输出和调节阀阀位指示一致（或阀门定位器输入一致）。

⑬ 有联锁的仪表，在仪表运行正常、工艺操作正常后再切换到自动（联锁）位置。

⑭ 金属管转子流量计开车时，应先打开旁路阀，经过一段时间后开启金属管转子流量计进口阀，然后打开出口阀，最后关闭旁路阀。避免新安装的金属管转子流量计开表不久就出现堵塞的故障。

⑮ 要注意开关阀门的顺序，对于离心泵为动力输送物料的工艺路线，开关顺序要求不高。若是活塞式定量泵动力输送物料的工艺路线，阀门开关顺序一定要注意，否则会引起管道内压力增大，损坏仪表。

六、易燃易爆场所仪表操作注意事项

在易燃易爆场所，仪表工从事仪表维护、故障处理时要注意以下安全事项。

① 首先要了解工作场所易燃易爆等级、危险性程度以及对电气设备的防爆要求。

② 具体操作时，必须由两人以上作业。

③ 对仪表进行故障处理，如校正等，需和工艺人员联系，并取得他们同意后方可进行。

④ 电动仪表拆装必须先断开电源。

⑤ 带联锁的仪表先解除联锁（切换手动），再进行维护、修理。

⑥ 使用工具要合适，如敲击时，应使用木锤或橡胶锤，必要时用铜锤，不能用钢锤，避免敲击出现火花。

⑦ 照明灯具必须符合防爆要求，采用安全电压（通常用 24V 或 12V），用防爆接头。

⑧ 进入化工设备、容器内进行检修，必须进行气体取样分析，分析结果表明对人体没有影响、在设备内动火符合安全防爆规范时，才能进入。

⑨ 在易燃易爆场所进行动火作业时，必须要办理动火证，经企业安全部门同意后才能进行。动火时要派人进行监护，一旦发生火情，及时扑灭。

⑩ 不要在有压力的情况下拆卸仪表，对于法兰式差压变送器，应先卸下法兰下边两个螺栓，用改锥撬开一个缝，排气，排残液，然后再拆卸仪表。

⑪ 仪表电源、信号电缆接线要符合防爆电气设备对接线的要求，防止可燃性或腐蚀性气体进入仪表内部。

知识拓展

化工仪表日常维护要点

一、制定化工仪表的维护计划

设备管理人员应根据仪表的日常运行状态和事故发生的频率进行及时记录，制定合理的仪表维护保养计划，定期进行仪表的日常维护，例如周保养计划、月事故排查及保养维护计划等，并做好每次维护的详细记录，将化工仪表的维护列为日常工作的一项重点，确保化工仪表的安全稳定运行。同时，还要在日常维护工作中，及时做好设备的现场检修，当仪表设备出现故障时，立即组织专业的检修人员到场检修，同时，化工企业应定期加强对仪表检修人员的培训，提高仪表维护人员的专业能力，高效排除仪表在运行中出现的故障，最大程度减小因化工仪表发生故障给化工企业带来的损失。

二、改善化工仪表的工作环境

化工仪表设备通常设立在化工企业的生产车间里，车间内通常弥漫着许多化学物质，对仪表的运行有着一定的影响。化工企业应该改善仪表的运行环境，合理设置仪表防尘罩等设备，防止大量化学粉尘进入到仪表设备，造成仪表故障等。

三、化工仪表设备的规划管理

不同的化工企业应根据实际情况，建立对化工仪表进行高效巡回检查的机制，对化工仪表设备潜在的问题做到早预防、早发现、早治理，做好化工仪表的维护工作。由此可以看出，化工仪表的维护工作也要根据企业的实际情况和需求，采取针对性的维护措施，这样才可以彻底地排除故障，减少化工仪表的安全隐患问题。应对仪表设备采取分级化管理。在设备常规管理工作的基础上，可以根据分级进行重点维护，保证化工设备的正常运行。

四、开发化工仪表维护软件

积极引用先进的科技手段，对化工仪表进行软件维护，利用网络科技将仪表设备进行监控，以计算机设备作为平台，开发自动化仪表设备维护软件，自动记录仪表设备的日常运行轨迹，及时标记出故障点和故障实践情况，利用软件进行仪表设备维护，可以节约大量的时间成本和人力成本，精准计算仪表运行情况，极大程度地提高化工仪表维护管理水平，确保化工企业仪表设备的稳定运行，提高化工生产的安全性和高效性。

第二节　仪表常见故障处理

在实际生产使用中，工艺陈旧或使用不当均有可能引起仪表故障，使其测量精确度有所降低，不利于生产安全。如何及时发现故障并予以解决，是仪表日常维护和检修过程中必须考虑的问题。

一、自动化仪表故障诊断方法

在使用过程中，自动化仪表可能会出现各种故障，为尽快恢复正常，降低损失，需掌握几种基本的故障判断方法。

① 外观检查：对仪表的表盘、外壳、指针、旋钮等进行检查，然后检查各种插件和连线，另外还有保险丝、继电器、元件焊点、零部件排列等，观察这些部位是否处于正常状态。

② 开机检查：观察机内的各发光元件是否正常发光，是否发出异常声音，是否出现冒烟、放电等异常现象，或有焦煳等异味散发；电机等发热元件的温度是否在规定范围内；机械传动部分、齿轮是否整齐啮合，有无变形、磨损或卡死的情况。

③ 电压法：借助万用表测量可能出现故障部分的电压。包括：直流电压测量，如电子管、直流供电电压、集成块各引出角对地电压；交流电压测量，如交流稳压器输出电压。

④ 断路法：在初步判定后，将可能出现故障的部分与整个电路切断，观察故障是否会消失。

二、自动化仪表常见故障诊断

1. 压力传感器故障

① 当压力传感器接口发生漏气时，很可能就会出现实际压力很高，但变送器显示数据却变化不大的现象。引发此故障的原因也有可能是接线错误或电源没有插接好，以及传感器损坏。

② 对变送器加压，输出没有变化，再次加压则有变化，泄压后，变送器回不到零位。造成此故障极有可能是传感器的密封圈出现问题，如传感器拧得过紧，致使密封圈进入引压口，导致传感器堵塞，此时若加压的压力不足，则输出不会变化；当压力超过时，密封圈被冲开，传感器受到压力，则会出现变化。发生此故障时，可拆下传感器，观察零位是否正常，若不正常加以调整，若正常应更换密封圈。

③ 压力传感器出现不稳定。原因可能是传感器本身出现故障或抗干扰能力较弱。

④ 变送器和指针式压力表出现较大偏差。此现象较为正常，只要将偏差范围控制在规定标准以内即可。

2. 流量计故障

① 若流量仪表值达到最高，一般现场检测仪表也会显示最高，这时手动调节远程调节阀大小，若流量值减小，说明是工艺问题；若流量值不变，应该是仪表系统的故障，需要检测仪表信号传输系统、测量引压系统等是否存在异常。

② 若流量指数异常波动，可以将系统由自动控制转到手动，若依然存在波动状况，说明是工艺原因所致；若波动减小，说明是PID参数问题或仪表问题。

③ 若仪表流量达到最低，首先检查现场检测仪表，若现场仪表同样显示最低，则查看调节阀开度，开度为零说明故障发生在流量调节装置上；若开度正常，极有可能是物料结晶、管道阻塞或压力过低所致。若现场仪表正常，说明显示仪表出现问题，其原因通常是机械仪表齿轮卡死、差压变送器正压室渗漏等。

④ 若流量计不显示，首先检查电源接线、电源等级，确保电源等级及接线正确；然后检查显示器插件是否松动，若松动，便需要重新插紧显示器插件；再检查内部变压器或保险管是否烧坏，如烧坏则需要更换变压器或保险。同时要注意转换器向下安装会造成管道中液体向转换器渗漏，造成绝缘下降，甚至短路，因此一定要严格按照转换器安装规程进行正确安装。

3. 温度控制仪表故障

若仪表指示值变动较大，一直显示最小或最大值，多为系统故障。原因可能是变送器的放大器失灵，或热电阻、补偿导线断线。若仪表指示值快速振荡，极有可能是控制参数PID调整不当。

当DCS系统出现故障，温度显示为零时，首先应对输入DCS模块信号进行检查，输入信号为4mA，则变送器发出的信号与其一致。然后应分析仪表故障，测量热电偶的信号，信号正常说明变送器极有可能是故障的发生处，由于变送器故障造成变送器输出信号一直为 4mA，导致 DCS 系统中温度指示值在零位置处。

4. 物位仪表故障

① 液位仪表值达最高或最低时，根据现场检测仪表进行判断，若现场仪表正常，则将系统改为手动调控，查看液位是否变动，若液位能够在某一范围内保持稳定，说明是液位控制系统出现问题，反之则是工艺方面的原因。

② 对于差压式液位仪表，当控制仪表与现场检测仪表的显示数据不符，且现场仪表不存在明显异常时，检查导压管液封是否正常，若存在泄漏现象，补充密封液，仪表归零；若不存在泄漏情况，初步推断是仪表负迁移量出错，需进行校正。

③ 液位控制仪表的数据异常波动时，要根据设备容量分情况进行判断。设备容量大的，通常是仪表出现问题；设备容量小的，要先检查工艺操作，若工艺操作有所变动，极有可能是工艺原因导致的波动，反之就是仪表方面的问题。

5. 微差压变送器零点漂移严重

当多台微差压变送器出现严重零点漂移，有些出现分时段的规律性时，造成这种现象的主要原因有以下几点：变送器质量不好；导压管路不畅通；温度影响；机械位移影响。

为了解决这一问题，首先要检查导压管路，检测是否有应力的存在，如果发现有较大应力，就要进行应力消除工作。其次，变送器安装不牢固就会产生机械位移，造成变送器零点漂移，因此需要检查变送器安装情况，检查各变送器支架安装是否牢固，如发现部分变送器支架安装不牢固，就需要进行变送器紧固工作，此时故障基本可以被排除。

6. 数字温度仪（K型）显示随室温变化

补偿回路故障是导致数字仪表随控制室温度变化而变化的主要原因，当出现这一现象时，首先要将仪表通入标准信号判断是否是数显仪（即数字显示仪表）出现故障。如数显仪显示与标准信号存在较大误差，可以判定数显仪存在故障。对数显仪进行维修，排除故障后，如数显仪显示依旧随室内温度发生变化，则此时需要检测补偿导线是否存在故障。如通过测试现场冷端和控制室温差发现与仪表显示误差相当，则可初步判断补偿导线没有补偿作用，此时需要更换补偿导线进行故障排除。

7. 双法兰液位变送器显示偏高并分时段波动

对于安装在常压贮罐上的双法兰液位变送器，若在仪表设置好后初期显示正常，液位变化时会出现较大误差，静液面时分时段显示波动，此时往往会造成溢液或空罐进而造成浪费或影响生产。产生这一故障的原因主要有以下三方面：导压管（毛细管）可能泄漏；介质过于黏稠；罐体排气不畅。

进行故障分析时首先要考虑到液位计不可能堵塞，需要着重分析液位计本身和介质性质，另外还需要考虑环境因素的影响。从液位计分时段波动的现象可以判断出其对温度敏感，可初步判断可能是罐装的导压介质不正常，毛细管有空隙；然后将负压法兰移至下方观察一段时间，如果情况有所改善，则可以判断出为负压毛细管有气隙，将毛细管拆除后故障即可排除。

8. 调节阀出现故障

调节阀现场常见问题是阀不动作、震荡、振动、动作迟缓、泄漏量大，下面逐个对这些故障进行分析。

(1) 阀不动作 第一种现象是无气源、无信号，造成这种现象的原因主要有以下三个方面：气源未打开或气源压力太小；气源含有杂质导致气源管或过滤器、减压阀堵塞；过滤器减压阀堵塞或故障。第二种现象是有气源、无法动作，此时需要根据故障现象进行相应的检修处理。

① DCS 指令信号无输出：此时需要检查相应的指令线。
② 定位器无显示、无输出：此时需要更换定位器。
③ 定位器气路输出泄漏：需要进行焊接工作消除泄漏现象。
④ 阀杆或阀芯卡涩、变形：此时需根据实际损坏情况进行处理或更换。
⑤ 手轮位置不对：此时需要将手轮调节到释放位置。

(2) 调节阀震荡 当气源压力满足要求，指令信号也稳定，但调节阀的动作仍不稳定时，首先需要检查定位器位置是否正确，并进行相应处理；其次检查定位器自身是否发生故障，若定位器发生故障需要检修或者更换定位器；此外，检查定位器输出管路是否漏气，消除漏气现象；最后检查阀杆运动与接触部分是否顺畅，若不顺畅则需要加润滑剂或重新安装阀杆。

(3) 调节阀振动 此时可按照故障现象进行相应处理：安装底座不稳，则加固底座，附近有振动设备引起，则消除振源；阀芯与衬套磨损严重，则更换衬套；调节阀选型不对；则更换合适的阀门；阀门介质流向与关闭方向相反，则改变阀安装方向。

(4) 调节阀动作迟缓 此时可按照故障现象进行相应处理：气动薄膜执行机构中膜片破损泄漏，则更换膜片；执行机构中 O 形圈破损，则更换 O 形密封圈；阀体内粘物堵塞，则消除堵塞；阀杆不直导致摩擦阻力大，则处理阀杆。

(5) 调节阀泄漏量大 此时可按照故障现象进行相应处理：阀芯被磨损，内漏严重，则消除内漏；阀杆长短不合适、阀未调好关不严，则调整阀杆、调整阀；阀体内密封环坏，则更换密封环；介质压差太大、执行机构关不严，则增大气源、改进执行机构；阀内有异物，则清除异物；气源压力低或接头气管漏气，则调整气源、消除泄漏。

三、仪表故障的日常防护措施

1. 仪表方面

仪表外观表面应时时保持整洁干净，机械滑动部分更应加强重视，一旦有运转不灵活或锈蚀的倾向，应立即对其擦拭、润滑。在化工厂、锅炉房等腐蚀性强、易产生大量粉尘的地方，必须对电机、电位器、传动齿轮等部件进行擦洗检查，变送器、阀门密封、插头插座等均应保持清洁，这是仪表正常工作的基础。

2. 人为方面

首先，应有较为健全的仪表检修制度，并能够得以落实；其次，检修小组每天都要做好巡视工作；最后，变送器的维护中应重视线性、耐压、变差等指标，将调零弹簧的位置调到最佳处，以便输出信号能均匀沉降，不会出现突跳的情况。

化工自动化仪表作为化工生产中的重要设备，分析其常见故障并制定故障排除方案，配合后续维护、校检工作可显著降低故障发生率。现代社会科技发展日新月异，新型自动化仪表不断涌现，自动化仪表系统不断升级，作为自动化控制方面的工作人员只有坚持不断学习、与时俱进，深刻了解和掌握各种仪表的工作原理，熟悉和掌握相关工艺流程，全面分析故障原因，不断积累维修经验，才能在自动化仪表出现故障时做到准确快速判别及妥善处理，迅速恢复生产。

实例分析

案例 化工生产中的液位测量仪表按测量方式可分为接触式测量仪表和非接触式测量仪表。差压式液位仪表是常见的接触式测量仪表。某装置用双法兰变送器测量容器液位，变送器安装在两引压法兰中间，仪表投用后，发现反应迟缓，指示不准，后更换一台新的，仍出现类似现象。

问题 ① 差压式液位计的工作原理是什么？
② 试分析上述仪表事故的原因。

知识巩固

一、选择题（多选题）

1. 仪表工巡回检查的内容包括（　　）。
   A. 查看仪表电源电压是否在规定范围内
   B. 检查仪表保温、伴热状况
   C. 检查仪表本体和连接件损坏和腐蚀情况
   D. 检查仪表和工艺接口泄漏情况

2. 拆卸压力表、压力变送器时，要注意取压口可能出现堵塞现象，造成局部憋压使物料冲出来伤害仪表工。正确操作是（　　）。
   A. 先松动安装螺栓，排气，排残液
   B. 待气液排完后再卸下仪表
   C. 可以根据压力表显示压力值直接判断工艺管路压力高低，采取操作
   D. 仪表工要先关闭气源，再排气，排残液

3. 若现场流量计不显示，则正确的处理方法是（　　）。
   A. 检查电源接线、电源等级，确保电源等级及接线正确
   B. 检查显示器插件是否松动，若松动，便需要重新插紧显示器插件
   C. 内部变压器或保险管是否烧坏，如烧坏则需要更换变压器或保险
   D. 可以将系统由自动控制转到手动，观察仪表的波动情况

4. 以下关于易燃易爆场所仪表的操作正确的是（　　）。
   A. 具体操作时，必须由两人以上作业
   B. 进入化工设备、容器内进行检修，必须进行气体取样分析，分析结果表明对人体没有影响、在设备内动火符合安全防爆规范时，才能进入
   C. 仪表电源、信号电缆接线要符合防爆电气设备对接线的要求，防止可燃性或腐蚀性气体进入仪表内部
   D. 不要在有压力的情况下拆卸仪表，对于法兰式差压变送器，应先卸下法兰下边两个螺栓，用改锥撬开一个缝，排气，排残液，然后再拆卸仪表

5. 调节阀不动作，如果现象是无气源、无信号，那么造成这种现象的原因主要有（　　）。
A. 气源未打开或气源压力太少；检查回路接线是否正确
B. 气源含有杂质导致气源管或过滤器、减压阀堵塞
C. 阀杆或阀芯卡涩、变形
D. 过滤器减压阀堵塞或故障

二、判断题

1. 调节阀不动作时，如果无信号显示，其原因是气源出现了问题。（　　）
2. 仪表开车要和工艺密切配合。要根据工艺设备、管道试压试漏要求，及时安装仪表，不要因仪表影响工艺开车进度。（　　）
3. 对于差压式液位仪表，当控制仪表与现场检测仪表的显示数据不符，且现场仪表不存在明显异常时，即可推断是仪表负迁移量出错，需进行校正。（　　）
4. 若现场流量计流量指数异常波动，将系统由自动控制转到手动后依然存在波动状况，若波动减小，说明是PID参数问题或仪表问题。（　　）
5. 仪表排污主要是针对差压变送器、压力变送器、浮筒液位计等仪表，周期由操作员根据经验确定。（　　）

三、简答题

1. 仪表的日常维护重点有哪几项工作？
2. 化工仪表故障诊断的方法主要有哪些？
3. 试分析现场压力传感器出现的可能故障并指出处理方法。

附 录

附录一　常用压力表型号及规格

名称	型号	测量范围/MPa	精度等级
弹簧管压力表	Y-40 Y-40Z	0～0.1,0.16,0.25,0.4,0.6,1,1.6,2.5,4,6	2.5
	Y-60 Y-60T Y-60TQ Y-60Z	低压:0～0.06,0.1,0.16,0.25,0.4,0.6,1,2.5,4,6 中压:0～10,16,25,40	1.5 2.5
	Y-100 Y-100T Y-100TQ	低压:0～0.06,0.1,0.16,0.25,0.4,0.6,1,2.5,4,6 中压:0～10,16,25,40,60	1.5 2.5
	Y-150 Y-150T Y-150TQ	低压:0～0.06,0.1,0.16,0.25,0.4,0.6,1,2.5,4,6 中压:0～10,16,25,40,60 高压:0～100,160,250	1.5 2.5
	Y-200 Y-200T Y-200ZT	低压:0～0.06,0.1,0.16,0.25,0.4,0.6,1,2.5,4,6 中压:0～10,16,25,40,60 高压:0～100,160,250	1.5 2.5
标准压力表	YB-150	-0.1～0,0～0.1,0.16,0.25,0.4,0.6,1,1.6,2.5,4,6,10,25,40,60,100,160	0.25,0.5
真空表	Z-60 Z-150	-0.1～0	1.5
氨用压力表	YA-100 YA-150	0～0.25,0.4,0.6,1,1.6,2.5,4,6,10,16,25,40,60,100,160	1.5 2.5
电接点压力表	YX-150 YXA-150(氨用)	0～0.1,0.16,0.25,0.4,0.6,1,1.6,2.5,4,6,10,25,40,60	1.5 2.5
压力真空表	YZ-60 YZ-100	-0.1～0,0.1,0.16,0.25,0.4,0.6,1,1.6,2.5	1.5 2.5
电接点真空表	ZX-150 ZXA-150(氨用)	-0.1～0	1.5 2.5

符号说明：Y—压力；Z—真空；B—标准；A—氨用表；X—信号电接点。型号后面的数字表示表盘外壳直径(mm)。数字后面的符号：Z—轴向无边；T—径向有后边；TQ—径向有前边；ZT—轴向带边；数字后面无符号表示径向。

附录二 铂铑₁₀-铂热电偶分度表

分度号 S   μV

温度/℃	0	1	2	3	4	5	6	7	8	9
0	0	5	11	16	22	27	33	38	44	50
10	55	61	67	72	78	84	90	95	101	107
20	113	119	125	131	137	142	148	154	161	167
30	173	179	185	191	197	203	210	216	222	228
40	235	241	247	254	260	266	273	279	286	292
50	299	305	312	318	325	331	338	345	351	358
60	365	371	378	385	391	398	405	412	419	425
70	432	439	446	453	460	467	474	481	488	495
80	502	509	516	523	530	537	544	551	558	566
90	573	580	587	594	602	609	616	623	631	638
100	645	653	660	667	675	682	690	697	704	712
110	719	727	734	742	749	757	764	772	780	787
120	795	802	810	818	825	833	841	848	856	864
130	872	879	887	895	903	910	918	926	934	942
140	950	957	965	973	981	989	997	1005	1013	1021
150	1029	1037	1045	1053	1061	1069	1077	1085	1093	1101
160	1109	1117	1125	1133	1141	1149	1158	1166	1174	1182
170	1190	1198	1207	1215	1223	1231	1240	1248	1256	1264
180	1273	1281	1289	1297	1306	1314	1322	1331	1339	1347
190	1356	1364	1373	1381	1389	1398	1406	1415	1423	1432
200	1440	1448	1457	1465	1474	1482	1491	1499	1508	1516
210	1525	1534	1542	1551	1559	1568	1576	1585	1594	1602
220	1611	1620	1628	1637	1645	1654	1663	1671	1680	1689
230	1698	1706	1715	1724	1732	1741	1750	1759	1767	1776
240	1785	1794	1802	1811	1820	1829	1838	1846	1855	1864
250	1873	1882	1891	1899	1908	1917	1926	1935	1944	1953
260	1962	1971	1979	1988	1997	2006	2015	2024	2033	2042
270	2051	2060	2069	2078	2087	2096	2105	2114	2123	2132
280	2141	2150	2159	2168	2177	2186	2195	2204	2213	2222

续表

温度/℃	0	1	2	3	4	5	6	7	8	9
290	2232	2241	2250	2259	2268	2277	2286	2295	2304	2314
300	2323	2332	2341	2350	2359	2368	2378	2387	2396	2405
310	2414	2424	2433	2442	2451	2460	2470	2479	2488	2497
320	2506	2516	2525	2534	2543	2553	2562	2571	2581	2590
330	2599	2608	2618	2627	2636	2646	2655	2664	2674	2683
340	2692	2702	2711	2720	2730	2739	2748	2758	2767	2776
350	2786	2795	2805	2814	2823	2833	2842	2852	2861	2870
360	2880	2889	2899	2908	2917	2927	2936	2946	2955	2965
370	2974	2984	2993	3003	3012	3022	3031	3041	3050	3059
380	3069	3078	3088	3097	3107	3117	3126	3136	3145	3155
390	3164	3174	3183	3193	3202	3212	3221	3231	3241	3250
400	3260	3269	3279	3288	3298	3308	3317	3327	3336	3346
410	3356	3365	3375	3384	3394	3404	3413	3423	3433	3442
420	3452	3462	3471	3481	3491	3500	3510	3520	3529	3539
430	3549	3558	3568	3578	3587	3597	3607	3616	3626	3636
440	3645	3655	3665	3675	3684	3694	3704	3714	3723	3733
450	3743	3752	3762	3772	3782	3791	3801	3811	3821	3831
460	3840	3850	3860	3870	3879	3889	3899	3909	3919	3928
470	3938	3948	3958	3968	3977	3987	3997	4007	4017	4027
480	4036	4046	4056	4066	4076	4086	4095	4105	4115	4125
490	4135	4145	4155	4164	4174	4184	4194	4204	4214	4224
500	4234	4243	4253	4263	4273	4283	4293	4303	4313	4323
510	4333	4343	4352	4362	4372	4382	4392	4402	4412	4422
520	4432	4442	4452	4462	4472	4482	4492	4502	4512	4522
530	4532	4542	4552	4562	4873	4582	4592	4602	4612	4622
540	4632	4642	4652	4662	4973	4682	4692	4702	4712	4722
550	4732	4742	4752	4762	4772	4782	4792	4802	4812	4822
560	4832	4842	4852	4862	4873	4883	4893	4903	4913	4923
570	4933	4943	4953	4963	4973	4984	4994	5004	5014	5024
580	5034	5044	5054	5065	5075	5085	5095	5105	5115	5125
590	5136	5146	5156	5166	5176	5186	5197	5207	5217	5227

续表

温度/℃	0	1	2	3	4	5	6	7	8	9
600	5237	5247	5258	5268	5278	5288	5298	5309	5319	5329
610	5339	5350	5360	5370	5380	5391	5401	5411	5421	5431
620	5442	5452	5462	5473	5483	5493	5503	5514	5524	5534
630	5544	5555	5565	5575	5586	5596	5606	5617	5627	5637
640	5648	5658	5668	5679	5689	5700	5710	5720	5731	5741
650	5751	5762	5772	5782	5793	5803	5814	5824	5834	5845
660	5855	5866	5876	5887	5897	5907	5918	5928	5939	5949
670	5960	5970	5980	5991	6001	6012	6022	6038	6043	6054
680	6064	6075	6085	6096	6106	6117	6127	6138	6148	6195
690	6169	6180	6190	6201	6211	6222	6232	6243	6253	6264
700	6274	6285	6295	6306	6316	6327	6338	6348	6359	6369
710	6380	6390	6401	6412	6422	6433	6443	6454	6465	6475
720	6486	6496	6507	6518	6528	6539	6549	6560	6571	6581
730	6592	6603	6613	6624	6635	6645	6656	6667	6677	6688
740	6699	6709	6720	6731	6741	6752	6763	6773	6784	6795
750	6805	6816	6827	6838	6848	6859	6870	6880	6891	6902
760	6913	6923	6934	6945	6956	6966	6977	6988	6999	7009
770	7020	7031	7042	7053	7063	7074	7085	7096	7107	7117
780	7128	7139	7150	7161	7171	7182	7193	7204	7215	7225
790	7236	7247	7258	7269	7280	7291	7301	7312	7323	7334
800	7345	7356	7367	7377	7388	7399	7410	7421	7432	7443
810	7454	7465	7476	7486	7497	7508	7519	7530	7541	7552
820	7563	7574	7585	7596	7607	7618	7629	7640	7651	7661
830	7672	7683	7694	7705	7716	7727	7738	7749	7760	7771
840	7782	7793	7804	7815	7826	7837	7848	7859	7870	7881
850	7892	7904	7935	7926	7937	7948	7959	7970	7981	7992
860	8003	8014	8025	8036	8047	8058	8069	8081	8092	8103
870	8114	8125	8136	8147	8158	8169	8180	8192	8203	8214
880	8225	8236	8247	8258	8270	8281	8292	8303	8314	8325
890	8336	8348	8359	8370	8381	8392	8404	8415	8426	8437
900	8448	8460	8471	8482	8493	8504	8516	8527	8538	8549

续表

温度/℃	0	1	2	3	4	5	6	7	8	9
910	8560	8572	8583	8594	8605	8617	8628	8639	8650	8662
920	8673	8684	8695	8707	8718	8729	8741	8752	8763	8774
930	8786	8797	8808	8820	8831	8842	8854	8865	8876	8888
940	8899	8910	8922	8933	8944	8956	8967	8978	8990	9001
950	9012	9024	9035	9047	9058	9069	9081	9092	9103	9115
960	9126	9138	9149	9160	9172	9183	9195	9206	9217	9229
970	9240	9252	9263	9275	9286	9298	9309	9320	9332	9343
980	9355	9366	9378	9389	9401	9412	9424	9435	9447	9458
990	9470	9481	9493	9504	9516	9527	9539	9550	9562	9573
1000	9585	9596	9608	9619	9619	9642	9654	9665	9677	9689
1010	9700	9712	9723	9735	9735	9758	9770	9781	9793	9804
1020	9816	9828	9839	9851	9851	9874	9886	9897	9909	9920
1030	9932	9944	9955	9967	9967	9990	10002	10013	10025	10037
1040	10048	10060	10072	10083	10083	10107	10118	10130	10142	10154
1050	10165	10177	10189	10200	10212	10224	10235	10247	10259	10271
1060	10282	10294	10306	10318	10329	10341	10353	10364	10376	10388
1070	10400	10411	10423	10435	10447	10459	10470	10482	10494	10506
1080	10517	10529	10541	10553	10565	10576	10588	10600	10612	10624
1090	10635	10647	10659	10671	10683	10694	10706	10718	10730	10742
1100	10754	10765	10777	10789	10801	10813	10825	10836	10848	10860
1110	10872	10884	10896	10908	10919	10931	10943	10955	10967	10979
1120	10991	11003	11014	11026	11038	11050	11062	11074	11086	11098
1130	11110	11121	11133	11145	11157	11169	11181	11193	11205	11217
1140	11229	11241	11252	11264	11276	11288	11300	11312	11324	11336
1150	11348	11360	11372	11384	11396	11408	11420	11432	11443	11455
1160	11467	11479	11491	11503	11515	11527	11539	11551	11563	11575
1170	11587	11599	11611	11623	11635	11647	11659	11671	11683	11695
1180	11707	11719	11731	11743	11755	11767	11779	11791	11803	11815
1190	11827	11839	11851	11863	11875	11887	11899	11911	11923	11935
1200	11947	11959	11971	11983	11995	12007	12019	12031	12043	12055
1210	12067	12079	12091	12103	12116	12128	12140	12152	12164	12176

续表

温度/℃	0	1	2	3	4	5	6	7	8	9
1220	12188	12200	12212	12224	12236	12248	12260	12272	12284	12296
1230	12308	12320	12332	12345	12357	12369	12381	12393	12405	12417
1240	12429	12441	12453	12465	12477	12489	12501	12514	12526	12538
1250	12550	12562	12574	12586	12598	12610	12622	12634	12647	12659
1260	12671	12683	12695	12707	12719	12731	12743	12755	12767	12780
1270	12792	12804	12816	12828	12840	12852	12864	12876	12888	12901
1280	12913	12925	12937	12949	12961	12973	12985	12997	13010	13022
1290	13034	13046	13058	13070	13082	13094	13107	13119	13131	13143
1300	13155	13167	13179	13191	13203	13216	13228	13240	13252	13264
1310	13276	13288	13300	13313	13325	13337	13349	13361	13373	13385
1320	13397	13410	13422	13434	13446	13458	13470	13482	13495	13507
1330	13519	13531	13543	13555	13567	13579	13592	13604	13616	13628
1340	13640	13652	13664	13677	13689	13701	13713	13725	13737	13749
1350	13761	13774	13786	13798	13810	13822	13834	13846	13859	13871
1360	13883	13895	13907	13919	13931	13943	13956	13968	13980	13992
1370	14004	14016	14028	14040	14053	14065	14077	14089	14101	14113
1380	14125	14138	14150	14162	14174	14186	14198	14210	14222	14235
1390	14247	14259	14271	14283	14295	14307	14319	14332	14344	14356
1400	14368	14380	14392	14404	14416	14429	14441	14453	14465	14477
1410	14489	14501	14513	14526	14538	14550	14562	14574	14586	14598
1420	14610	14622	14635	14647	14659	14671	14683	14695	14707	14719
1430	14731	14744	14756	14768	14780	14792	14804	14816	14828	14840
1440	14852	14865	14877	14889	14901	14913	14925	14937	14949	14961
1450	14973	14985	14998	15010	15022	15034	15046	15058	15070	15082
1460	15094	15106	15118	15130	15143	15155	15167	15179	15191	15203
1470	15215	15227	15239	15251	15263	15275	15287	15299	15311	15324
1480	15336	15348	15360	15372	15384	15396	15408	15420	15432	15444
1490	15456	15468	15480	15492	15504	15516	15528	15540	15552	15564
1500	15576	15589	15601	15613	15625	15637	15649	15661	15673	15685
1510	15697	15709	15721	15733	15745	15757	15769	15781	15793	15805
1520	15817	15829	15841	15853	15865	15877	15889	15901	15913	15925

续表

温度/℃	0	1	2	3	4	5	6	7	8	9
1530	15937	15949	15961	15973	15985	15997	16009	16021	16033	16045
1540	16057	16069	16080	16092	16104	16116	16128	16140	16152	16164
1550	16176	16188	16200	16212	16224	16236	16248	16266	16272	16284
1560	16296	16308	16319	16331	16343	16355	16367	16379	16391	16403
1570	16415	16427	16439	16451	16462	16474	16486	16498	16510	16522
1580	16534	16546	16558	16569	16581	16593	16605	16617	16629	16641
1590	16653	16664	16676	16688	16800	16712	16724	16736	16747	16759
1600	16771	16783	16795	16807	16819	16830	16842	16854	16866	16878
1610	16890	16901	16913	16925	16937	16949	16960	16972	16984	16996
1620	17008	17019	17031	17043	17055	17067	17078	17090	17102	17114
1630	17125	17137	17149	17161	17173	17184	17196	17208	17220	17231
1640	17245	17255	17267	17278	17290	17302	17313	17325	17337	17349
1650	17360	17372	17384	17396	17407	17419	17451	17442	17454	17466
1660	17477	17489	17501	17512	17524	17536	17548	17559	17571	17583
1670	17594	17606	17617	17629	17641	17652	17664	17676	17687	17699
1680	17711	17722	17734	17745	17757	17769	17780	17792	17803	17815
1690	17826	17838	17850	17861	17873	17884	17896	17907	17919	17930
1700	17924	17953	17965	17976	17988	17999	18010	18022	18033	18045
1710	18056	18068	18079	18090	18102	18113	18124	18136	18147	18158
1720	18170	18181	18192	18204	18215	18226	18237	18249	18260	18271
1730	18282	18293	18305	18316	18327	18338	18349	18360	18372	18383
1740	18394	18405	18416	18427	18438	18449	18460	18471	18482	18493

附录三 镍铬-铜镍热电偶分度表

分度号 E   μV

温度/℃	0	10	20	30	40	50	60	70	80	90
0	0	591	1192	1801	2419	3047	3683	4329	4983	5646
100	6317	6996	7683	8377	9078	9787	10501	11222	11949	12681
200	13419	14161	14909	15661	16417	17178	17942	18710	19481	20256
300	21033	21814	22597	23383	24171	24961	25754	26549	27345	28143
400	28943	29744	30546	31350	32155	32960	33767	34574	35382	36190

续表

温度/℃	0	10	20	30	40	50	60	70	80	90
500	36999	37808	38617	39426	40236	41045	41853	42662	43470	44278
600	45085	45891	46697	47502	48306	49109	49911	50713	51513	52312
700	53110	53907	54703	55498	56291	57083	57873	58663	59451	60237
800	61022	61806	62588	63368	64147	64924	65700	66473	67245	68015
900	68783	69549	70313	71075	71835	72593	73350	74104	74857	75608
1000	76358									

附录四 镍铬-镍硅热电偶分度表

分度号 K   μV

温度/℃	0	1	2	3	4	5	6	7	8	9
0	0	39	79	119	158	198	238	277	317	357
10	397	437	477	517	557	597	637	677	718	758
20	798	838	879	919	960	1000	1041	1081	1122	1162
30	1203	1244	1285	1325	1366	1407	1448	1489	1529	1570
40	1611	1652	1693	1734	1776	1817	1858	1899	1940	1981
50	2022	2064	2105	2146	2188	2229	2270	2312	2353	2394
60	2436	2477	2519	2560	2601	2643	2684	2726	2767	2809
70	2850	2892	2933	2975	3016	3058	3100	3141	3183	3224
80	3266	3307	3349	3390	3432	3473	3515	3556	3598	3639
90	3681	3722	3764	3805	3847	3888	3930	3971	4012	4054
100	4095	4137	4178	4219	4261	4302	4343	4384	4426	4467
110	4508	4549	4590	4632	4673	4714	4755	4796	4837	4878
120	4919	4960	5001	5042	5083	5124	5164	5205	5246	5287
130	5327	5368	5409	5450	5490	5531	5571	5612	5652	5693
140	5733	5774	5814	5855	5895	5936	5976	6016	6057	6097
150	6137	6177	6218	6258	6298	6338	6378	6419	6459	6499
160	6539	6579	6619	6659	6699	6739	6779	6819	6859	6899
170	6939	6979	7019	7059	7099	7139	7179	7219	7259	7299
180	7338	7378	7418	7458	7498	7538	7578	7618	7658	7697
190	7737	7777	7817	7857	7897	7937	7977	8017	8057	8097
200	8137	8177	8216	8256	8296	8336	8376	8416	8456	8497
210	8537	8577	8617	8657	8697	8737	8777	8817	8857	8898
220	8938	8978	9018	9058	9099	9139	9179	9220	9260	9300
230	9341	9381	9421	9462	9502	9543	9583	9624	9664	9705
240	9745	9786	9826	9867	9907	9948	9989	10029	10070	10111

续表

温度/℃	0	1	2	3	4	5	6	7	8	9
250	10151	10192	10233	10274	10315	10355	10396	10437	10478	10519
260	10560	10600	10641	10682	10723	10764	10805	10846	10887	10928
270	10969	11010	11011	11093	11134	11175	11216	11257	11298	11339
280	11381	11422	11463	11504	11546	11587	11628	11669	11711	11752
290	11793	11835	11876	11918	11959	12000	12042	12083	12125	12166
300	12207	12249	12290	12332	12373	12415	12456	12498	12539	12581
310	12623	12664	12706	12747	12789	12831	12872	12914	12955	12997
320	13039	13080	13122	13164	13205	13247	13289	13331	13372	13414
330	13456	13497	13539	13581	13623	13665	13706	13748	13790	13832
340	13874	13915	13957	13999	14041	14083	14125	14167	14208	14250
350	14292	14334	14376	14418	14460	14502	14544	14586	14628	14670
360	14712	14754	14796	14838	14880	14922	14964	15006	15048	15090
370	15132	15174	15216	15258	15300	15342	15384	15426	15468	15510
380	15552	15594	15636	15679	15721	15763	15805	15847	15889	15931
390	15974	16016	16058	16100	16142	16184	16227	16269	16311	16353
400	16395	16438	16480	16522	16564	16607	16649	16691	16733	16776
410	16818	16860	16902	16945	16987	17029	17072	17114	17156	17199
420	17241	17283	17326	17368	17410	17453	17495	17537	17580	17622
430	17664	17707	17749	17792	17834	17876	17919	17961	18004	18046
440	18088	18131	18173	18216	18258	18301	18343	18385	18428	18470
450	18513	18555	18598	18640	18683	18725	18768	18810	18853	18895
460	18938	18980	19023	19065	19108	19150	19193	19235	19278	19320
470	19363	19405	19448	19490	19533	19576	19618	19661	19703	19746
480	19788	19831	19873	19916	19959	20001	20044	20086	20129	20172
490	20214	20257	20299	20342	20385	20427	20470	20512	20555	20598
500	20640	20683	20725	20768	20811	20853	20896	20938	20981	21024
510	21066	21109	21152	21194	21237	21280	21322	21365	21407	21450
520	21493	21535	21578	21621	21663	21706	21749	21791	21834	21876
530	21919	21962	22004	22047	22090	22132	22175	22218	22260	22303
540	22346	22388	22431	22473	22516	22559	22601	22644	22687	22729
550	22772	22815	22857	22900	22942	22985	23028	23070	23113	23156
560	23198	23241	23284	23326	23369	23411	23454	23497	23539	23582
570	23624	23667	23710	23752	23795	23837	23880	23923	23965	24008
580	24050	24093	24136	24178	24221	24263	24306	24348	24391	24434
590	24476	24519	24561	24604	24646	24689	24731	24774	24817	24859

续表

温度/℃	0	1	2	3	4	5	6	7	8	9
600	24902	24944	24987	25029	25072	25114	25157	25199	25242	25284
610	25327	25369	25412	25454	25497	25539	25582	25624	25666	25709
620	25751	25794	25836	25879	25921	25964	26006	26048	26091	26133
630	26176	26218	26260	26303	26345	26387	26430	26472	26515	26557
640	26599	26642	26684	26726	26769	26811	26853	26896	26938	26980
650	27022	27065	27107	27149	27192	27234	27276	27318	27361	27403
660	27445	27487	27529	27572	27614	27656	27698	27740	27783	27825
670	27867	27909	27951	27993	28035	28078	28120	28162	28204	28246
680	28288	28330	28372	28414	28456	28498	28540	28583	28625	28667
690	28709	28751	28793	28835	28877	28919	28961	29002	29044	29086
700	29128	29170	29212	29254	29296	29338	29380	29422	29464	29505
710	29547	29589	29631	29673	29715	29756	29798	29840	29882	29924
720	29965	30007	30049	30091	30132	30174	30216	30257	30299	30341

附录五 铂电阻分度表

分度号 Pt100　　　　　　　　　　　　　　　　　　　　　　　　$R_0 = 100.00\Omega$

温度/℃	0	1	2	3	4	5	6	7	8	9
−200	18.49									
−190	22.80	22.37	21.94	21.51	21.08	20.65	20.22	19.79	19.36	8.93
−180	27.08	26.65	26.23	25.80	25.37	24.94	24.52	24.09	23.66	23.23
−170	31.32	30.90	30.47	30.05	29.63	29.20	28.78	28.35	27.93	27.50
−160	35.53	35.11	34.69	34.27	33.85	33.43	33.01	32.59	32.16	31.74
−150	39.71	39.30	38.88	38.46	38.04	37.63	37.21	36.79	36.37	35.95
−140	43.87	43.45	43.04	42.63	42.21	41.79	41.38	40.96	40.55	40.13
−130	48.00	47.59	47.18	46.76	46.35	45.94	45.52	45.11	44.70	44.28
−120	52.11	51.70	51.29	50.88	50.47	50.06	49.65	49.23	48.82	48.41
−110	56.19	55.78	55.38	54.97	54.56	54.15	53.74	53.33	52.92	52.52
−100	60.25	59.85	59.44	59.04	58.63	58.22	57.82	57.41	57.00	56.60
−90	64.30	63.90	63.49	63.09	62.68	62.28	61.87	61.47	61.06	60.66
−80	68.33	67.92	67.52	67.12	66.72	66.31	65.91	65.51	65.11	64.70
−70	72.33	71.93	71.53	71.13	70.73	70.33	69.93	69.53	69.13	68.73
−60	76.33	75.93	75.53	75.13	74.73	74.33	73.93	73.53	73.13	72.73

续表

温度/℃	0	1	2	3	4	5	6	7	8	9
−50	80.31	79.91	79.51	79.11	78.72	78.32	77.92	77.52	77.13	76.73
−40	84.27	83.88	83.48	83.08	82.69	82.29	81.89	81.50	81.10	80.70
−30	88.22	87.83	87.43	87.04	86.64	86.25	85.85	85.46	85.06	84.67
−20	92.16	91.77	91.37	90.98	90.59	90.19	89.80	89.40	89.01	88.62
−10	96.09	95.69	95.30	94.91	94.52	94.12	93.73	93.34	92.95	92.55
0	100.00	100.39	100.78	101.17	101.56	101.95	102.34	102.73	103.13	103.51
10	103.90	104.29	104.68	105.07	105.46	105.85	106.24	106.63	107.02	107.40
20	107.79	108.18	108.57	108.96	109.35	109.73	110.12	110.51	110.9	111.28
30	111.67	112.06	112.45	112.83	113.22	113.61	113.99	114.38	114.77	115.15
40	115.54	115.93	116.31	116.70	117.08	117.47	117.85	118.24	118.62	119.01
50	119.40	119.78	120.16	120.55	120.93	121.32	121.70	122.09	122.47	122.86
60	123.24	123.62	124.01	124.39	124.77	125.16	125.54	125.92	126.31	126.69
70	127.07	127.45	127.84	128.22	128.60	128.98	129.37	129.75	130.13	130.51
80	130.89	131.27	131.66	132.04	132.42	132.80	133.18	133.56	133.94	134.32
90	134.70	135.08	135.46	135.84	136.22	136.60	136.98	137.36	137.74	138.12
100	138.50	138.88	139.26	139.64	140.02	140.39	140.77	141.15	141.53	141.91
110	142.29	142.66	143.04	143.42	143.80	144.17	144.55	144.93	145.31	145.68
120	146.06	146.44	146.81	147.19	147.57	147.94	148.32	148.70	149.07	149.45
130	149.82	150.20	150.57	150.95	151.33	151.70	152.08	152.45	152.83	153.20
140	153.58	153.95	154.32	154.70	155.07	155.45	155.82	156.19	156.57	156.94
150	157.31	157.69	158.06	158.43	158.81	159.18	159.55	159.93	160.30	160.67
160	161.04	161.42	161.79	162.16	162.53	162.90	163.27	163.65	164.02	164.39
170	164.76	165.13	165.50	165.87	166.24	166.61	166.98	167.35	167.72	168.09
180	168.46	168.83	169.20	169.57	169.94	170.31	170.68	171.05	171.42	171.79
190	172.16	172.53	172.90	173.26	173.63	174.00	174.37	174.74	175.10	175.47
200	175.84	176.21	176.57	176.94	177.31	177.68	178.04	178.41	178.78	179.14
210	179.51	179.88	180.24	180.61	180.97	181.34	181.71	182.07	182.44	182.80
220	183.17	183.53	183.90	184.26	184.63	184.99	185.36	185.72	186.09	186.45
230	186.82	187.18	187.54	187.91	188.27	188.63	189.00	189.36	189.72	190.09
240	190.45	190.81	191.18	191.54	191.90	192.26	192.63	192.99	193.35	193.71
250	194.07	194.44	194.80	195.16	195.52	195.88	196.24	196.60	196.96	197.33

续表

温度/℃	0	1	2	3	4	5	6	7	8	9
260	197.69	198.05	198.41	198.77	199.13	199.49	199.85	200.21	200.57	200.93
270	201.29	201.65	202.01	202.36	202.72	203.08	203.44	203.80	204.16	204.52
280	204.88	205.23	205.59	205.95	206.31	206.67	207.02	207.38	207.74	208.10
290	208.45	208.81	209.17	209.52	209.88	210.24	210.59	210.95	211.31	211.66
300	212.02	212.37	212.73	213.09	213.44	213.80	214.15	214.51	214.86	215.22
310	215.57	215.93	216.28	216.64	216.99	217.35	217.70	218.05	218.41	218.76
320	219.12	219.47	219.82	220.18	220.53	220.88	221.24	221.59	221.94	222.29
330	222.65	223.00	223.35	223.70	224.06	224.41	224.76	225.11	225.46	225.81
340	226.17	226.52	226.87	227.22	227.57	227.92	228.27	228.62	228.97	229.32
350	229.67	230.02	230.37	230.72	231.07	231.42	231.77	232.12	232.47	232.82
360	233.17	233.52	233.87	234.22	234.56	234.91	235.26	235.61	235.96	236.31
370	236.65	237.00	237.35	237.70	238.04	238.39	238.74	239.09	239.43	239.78
380	240.13	240.47	240.82	241.17	241.51	241.86	242.20	242.55	242.90	243.24
390	243.59	243.93	244.28	244.62	244.97	245.31	245.66	246.00	246.35	246.69
400	247.04	247.38	247.73	248.07	248.41	248.76	249.10	249.45	249.79	250.13
410	250.48	250.82	251.16	251.50	251.85	252.19	252.53	252.88	253.22	253.56
420	253.90	254.24	254.59	254.93	255.27	255.61	255.95	256.29	256.64	256.98
430	257.32	257.66	258.00	258.34	258.68	259.02	259.36	259.70	260.04	260.38
440	260.72	261.06	261.40	261.74	262.08	262.42	262.76	263.10	263.43	263.77
450	264.11	264.45	264.79	265.13	265.47	265.80	266.14	266.48	266.82	267.15
460	267.49	267.83	268.17	268.50	268.84	269.18	269.51	269.85	270.19	270.52
470	270.86	271.20	271.53	271.87	272.20	272.54	272.88	273.21	273.55	273.88
480	274.22	274.55	274.89	275.22	275.56	275.89	276.23	276.56	276.89	277.23
490	277.56	277.90	278.23	278.56	278.90	279.23	279.56	279.90	280.23	280.56
500	280.90	281.23	281.56	281.89	282.23	282.56	282.89	283.22	283.55	283.89
510	284.22	284.55	284.88	285.21	285.54	285.87	286.21	286.54	286.87	287.20
520	287.53	287.86	288.19	288.52	288.85	289.18	289.51	289.84	290.17	290.50
530	290.83	291.16	291.49	291.81	292.14	292.47	292.80	293.13	293.46	293.79
540	294.11	294.44	294.77	295.10	295.43	295.75	296.08	296.41	296.74	297.06
550	297.39	297.72	298.04	298.37	298.70	299.02	299.35	299.68	300.00	300.33
560	300.65	300.98	301.31	301.63	301.96	302.28	302.61	302.93	303.26	303.58

续表

温度/℃	0	1	2	3	4	5	6	7	8	9
570	303.91	304.23	304.56	304.88	305.20	305.53	305.85	306.18	306.50	306.82
580	307.15	307.47	307.79	308.12	308.44	308.76	309.09	309.41	309.73	310.05
590	310.38	310.70	311.02	311.34	311.67	311.99	312.31	312.63	312.95	313.27
600	313.59	313.92	314.24	314.56	314.88	315.20	315.52	315.84	316.16	316.48
610	316.80	317.12	317.44	317.76	318.08	318.40	318.72	319.04	319.36	319.68
620	319.99	320.31	320.63	320.95	321.27	321.59	321.91	322.22	322.54	322.86

附录六　铜电阻（Cu50）分度表

分度号　Cu50　　　　　　　　　　　　　　　$R_0 = 50.00\,\Omega$　　　　　　Ω

温度/℃	0	−1	−2	−3	−4	−5	−6	−7	−8	−9
−50	39.29	—	—	—	—	—	—	—	—	—
−40	41.40	41.18	40.97	40.75	40.54	40.32	40.10	39.89	39.67	39.46
−30	43.55	43.34	43.12	42.91	42.69	42.48	42.27	42.05	41.83	41.61
−20	45.70	45.49	45.27	45.06	44.34	44.63	44.41	44.20	43.98	43.77
−10	47.85	47.64	47.42	47.21	46.99	46.78	46.56	46.35	46.13	45.92
−0	50.00	49.78	49.57	49.35	49.14	48.92	48.71	48.50	48.28	48.07

温度/℃	0	1	2	3	4	5	6	7	8	9
0	50.00	50.21	50.43	50.64	50.86	51.07	51.28	51.50	51.71	51.93
10	52.14	52.36	52.57	52.78	53.00	53.21	53.43	53.64	53.86	54.07
20	54.28	54.50	54.71	54.92	55.14	55.35	55.57	55.78	56.00	56.21
30	56.42	56.64	56.85	57.07	57.28	57.49	57.71	57.92	58.14	58.35
40	58.56	58.78	58.99	59.20	59.42	59.63	59.85	60.06	60.27	60.49
50	60.70	60.92	61.13	61.34	61.56	61.77	61.98	62.20	62.41	62.63
60	62.84	63.05	63.27	63.48	63.70	63.91	64.12	64.34	64.55	64.76
70	64.98	65.19	65.41	65.62	65.83	66.05	66.26	66.48	66.69	66.90
80	67.12	67.33	67.54	67.76	67.97	68.19	68.40	68.62	68.83	69.04
90	69.26	69.47	69.68	69.90	70.11	70.33	70.54	70.76	70.97	71.18
100	71.40	71.61	71.83	72.04	72.25	72.47	72.68	72.90	73.11	73.33
110	73.54	73.75	73.97	74.18	74.40	74.61	74.83	75.04	75.26	75.47
120	75.68	75.90	76.11	76.33	76.54	76.76	76.97	77.19	77.40	77.62
130	77.83	78.05	78.26	78.48	78.69	78.91	79.12	79.34	79.55	79.77
140	79.98	80.20	80.41	80.63	80.84	81.06	81.27	81.49	81.70	81.92
150	82.13	—	—	—	—	—	—	—	—	—

附录七 铜电阻（Cu100）分度表

分度号 Cu100　　　　　　　　　　　　　　　　　$R_0=100\Omega$　　　　　　Ω

温度/℃	0	-1	-2	-3	-4	-5	-6	-7	-8	-9
-50	78.49	—	—	—	—	—	—	—	—	—
-40	82.80	82.36	81.94	81.50	81.08	80.64	80.20	79.78	79.34	78.92
-30	87.10	88.68	86.24	85.82	85.38	84.95	84.54	84.10	83.66	83.22
-20	91.40	90.98	90.54	90.12	89.68	86.26	88.82	88.40	87.96	87.54
-10	95.70	95.28	94.84	94.42	93.98	93.56	93.12	92.70	92.26	91.84
-0	100.00	99.56	99.14	98.70	98.28	97.84	97.42	97.00	96.56	96.14

温度/℃	0	1	2	3	4	5	6	7	8	9
0	100.00	100.42	100.86	101.28	101.72	102.14	102.56	103.00	103.43	103.86
10	104.28	104.72	105.14	105.56	106.00	106.42	106.86	107.28	107.72	108.14
20	108.56	109.00	109.42	109.84	110.28	110.70	111.14	111.56	112.00	114.42
30	112.84	113.28	113.70	114.14	114.56	114.98	115.42	115.84	116.28	116.70
40	117.12	117.56	117.98	118.40	118.84	119.26	119.70	120.12	120.54	120.98
50	121.40	121.84	122.26	122.68	123.12	123.54	123.96	124.40	124.82	125.26
60	125.68	126.10	126.54	126.96	127.40	127.82	128.24	128.68	129.10	129.52
70	129.96	130.38	130.82	131.24	131.66	132.10	132.52	132.96	133.38	133.80
80	134.24	134.66	135.08	135.52	135.94	136.33	136.80	137.24	137.66	138.08
90	138.52	138.94	139.36	139.80	140.22	140.66	141.08	141.52	141.94	142.36
100	142.80	143.22	143.66	144.08	144.50	144.94	145.36	145.80	146.22	146.66
110	147.08	147.50	147.94	148.36	148.80	149.22	149.66	150.08	150.52	150.94
120	151.36	151.80	152.22	152.66	153.09	153.52	153.94	154.38	154.80	155.24
130	155.66	156.10	156.52	156.96	157.38	157.82	158.24	158.68	159.10	159.54
140	159.96	160.40	160.82	161.28	161.68	162.12	162.54	162.98	163.40	163.84
150	164.27	—	—	—	—	—	—	—	—	—

参考答案

第一章知识巩固题目及答案

一、单项选择题

1. A 2. B 3. A 4. C 5. A

二、判断题

1. √ 2. × 3. √ 4. √ 5. √

三、简答题

1. 对于电动防爆仪表，通常采用哪三种防爆形式？

答：对于电动防爆仪表，通常采用隔爆型、增安型和本质安全型三种。

2. 在企业中，仪表常用防腐蚀措施都有哪些？

答：（1）合理选择材料；（2）加保护层；（3）采用隔离液；（4）膜片隔离；（5）吹气法。

3. 有两块直流电流表，它们的精度和量程分别为：（1）1.0级，0~250mA（1号表）；（2）2.5级，0~75mA（2号表）。现要测量50mA的直流电流，从准确性、经济性考虑，哪块表更合适？

答：分析它们的最大误差

(1) $\Delta_{max} = 250 \times 1\% = 2.5(mA)$；(2) $\Delta_{max} = 75 \times 2.5\% = 1.875(mA)$；2号表精度低，价格相对便宜，但2号仪表的最大误差小，而且被测参数的数值在2号表量程内，所以选择2号表。

第一章即学即练答案

(1) 由已知条件"精度等级为1.0级"可知：

$$\frac{\Delta_{max}}{10-0} \times 100\% = 1.0\%$$

所以： $\Delta_{max} = 0.01 \times 10 = 0.1(MPa)$

(2) 校验点为5MPa时的绝对误差为：

$$5.08 - 5 = 0.08(MPa) < 0.1MPa$$

所以符合1.0级精度。

第二章知识巩固题目及答案

一、单项选择题

1. B 2. C 3. B 4. D 5. B 6. A 7. B 8. A 9. A 10. B

二、判断题

1. √ 2. × 3. √ 4. √ 5. √

三、简答题

1. 压力测量仪表有哪些类型？

答：液柱式、弹性式、电气式、活塞式。

2. 作为感压元件的弹性元件有哪些？各有何特点？

答：① 弹簧管式弹性元件。单圈弹簧管是弯成圆弧形的空心金属管子，它的截面为扁圆形或椭圆形。当通入压力 p 后，它的自由端就会产生位移。单圈弹簧管自由端位移较小，因此能测量较高的压力。为增加自由端的位移，可以制成多圈弹簧管。

② 薄膜式弹性元件。薄膜式弹性元件主要有膜片与膜盒。膜片式弹性元件是由金属或非金属材料做成的具有弹性的一张膜片，常用的膜片有平薄膜片和波纹膜片。若将两块弹性膜片沿周边对焊起来，形成一薄膜盒子，其内充液体（硅油），称之为膜盒。

③ 波纹管式弹性元件。这种弹性元件易于变形，而且位移较大，常用于微压与低压的测量（一般不超过 1MPa）。

3. 测量压差时可用何种压力传感器？

答：压阻式、电容式。

4. 电容式压力变送器的工作原理是什么？有何特点？

答：电容式压力变送器由测量和变送指示两个部分组成，测量部分接收压力信号并把压力信号转换成电容值的变化；变送部分把电容值的变化转换成 4～20mA（DC）标准信号输出。测量部分将左右对称的不锈钢底座的外侧加工成环状波纹沟槽，并焊上波纹隔离膜片。玻璃层内表面为凹球面，球面上镀有金属膜，此金属膜有导线通往外部，构成电容的左右固定极板。两个固定极板之间是由弹性材料制成的测量膜片。当被测压力加在隔离膜片上后，通过腔内的硅油将被测压力引入到测量膜片，使测量膜片与固定电极的间距不再相等，从而产生电容值的变化，只要测出电容的微小变化就可测出压力的大小。

电容式差压变送器的结构可以有效地保护测量膜片，当差压过大并超过允许测量范围时，测量膜片将平滑地贴靠在玻璃凹球面上，因此不易损坏，过载后的恢复特性很好，这样大大提高了过载承受能力。

5. 压力计安装时测压点的选择有哪些注意事项？

答：所选择的测压点应能反映被测压力的真实大小，应注意以下几点。

① 要选在被测介质直线流动的管段部分，不要选在管路拐弯、分叉、死角或其他易形成漩涡的地方。

② 测量流动介质的压力时，应使测压点与流动方向垂直，测压管内端面与生产设备连接处的内壁应保持平齐，不应有凸出物或毛刺。

③ 测量液（气）体压力时，取压点应在管道下（上）部，使导压管内不积存气（液）体。

四、分析题

1. 某压力表的测量范围为 0～1MPa，准确度等级为 1.5 级。试问此压力表的允许最大绝对误差是多少？若用标准压力计来校验该压力表，在校验点为 0.5MPa 时，标准压力计上读数为 0.508MPa，试问被校压力表在这一点是否符合 1.5 准确度等级？为什么？

解　最大绝对误差 $\Delta_{max}=(1-0)\times 1.5\%=0.015$（MPa）

在 0.5MPa 处，校验得到的绝对误差为 $0.508-0.5=0.008$（MPa），此值小于该压力表的允许最大绝对误差，故在这一校验点符合 1.5 级精度。

2. 某合成氨厂合成塔压力控制指标为 14MPa±0.4MPa，试选择一台就地指示的压力表（给出型号、测量范围、准确度等级）。

解　由于合成塔内的压力比较平稳，故压力测量上限可选工作压力的 3/2 倍，即 $14×3/2=21(MPa)$，测量范围可选 0~25MPa。

根据所选量程和误差要求，算得允许相对百分误差

$\delta=\frac{0.4}{25-0}×100\%=1.6\%$，压力表的精度等级应选 1.5 级。

由于所测的介质是氨气，由产品目录可选氨用压力表 YA-100。

第二章即学即练答案

电容式、压阻式压力传感器。

第二章实例分析答案

① 真空表。

② 可以，弹簧管压力表可用来测量真空度，测量时需将指针安装在显示表盘的右侧起点，测量时指针向左侧偏转显示。

第三章知识巩固题目及答案

一、单项选择题

1. B　2. D　3. B　4. B　5. C　6. C　7. D

二、判断题

1. √　2. √　3. √　4. ×　5. ×　6. ×

三、简答题

1. 什么叫标准节流装置？试述差压式流量计测量流量的原理；并说明哪些因素对差压式流量计的流量测量有影响。

答：

① 标准节流装置：包括节流件和取压装置。

② 原理：基于液体流动的节流原理，是利用流体流经节流装置时产生的压力差而实现流量测量的。

2. 电磁流量计的工作原理是什么？它对被测介质有什么要求？

答：

① 原理：利用导电液体通过磁场时切割磁力线产生的感应电动势测量流速，进而得到流量的值。

② 对被测介质的要求：导电液体，被测液体的电导率应大于水的电导率，不能测量油类或气体的流量。

第三章即学即练答案

虽然转子流量计也是根据节流原理测量流量的，但它是利用节流元件改变流体的流通面

积来保持转子上下的压差恒定。所以是定压式的。

第四章知识巩固题目及答案

一、单项选择题

1. C 2. C 3. D 4. D 5. C

二、判断题

1. × 2. √ 3. √ 4. √ 5. √ 6. √ 7. ×

三、简答题

1. 超声波液位计适用于什么场合？

答：适合于强腐蚀性、高压、有毒、高黏性液体的测量。

2. 试述电容式物位计的工作原理。

答：利用电容器的极板之间介质变化时，电容量也相应变化的原理测物位，可测量液位、料位和两种不同液体的分界面。

第四章即学即练答案

利用电容器的极板之间介质变化时，电容量也相应变化的原理测物位，可测量液位、料位和两种不同液体的分界面。

第五章知识巩固题目及答案

一、单项选择题

1. D 2. C 3. B 4. B 5. A 6. B 7. B 8. B 9. B 10. D

二、判断题

1. √ 2. √ 3. × 4. × 5. ×

三、简答题

1. 补偿导线在使用时有哪些需要注意的事项？

答：在使用热电偶补偿导线时，要注意型号相配，极性不能接错，热电偶与补偿导线连接端所处的温度不应超过 100℃。

2. 用什么方法可以进行冷端温度补偿？

答：冷端温度补偿的方法有以下几种：①冷端温度保持为 0℃ 的方法；②冷端温度修正方法；③校正仪表零点法；④补偿电桥法。

第五章即学即练答案

由题目查附录可得

$$E(935,0) = 8842\mu V$$

$$E(25,0) = 142\mu V$$

由题意可知，因仪表没有冷端温度补偿装置，回路的热电势实际为 $E(t,25)$，用此热电势查分度表得到的温度为 935℃。已知 $E(935,0) = 8842\mu V$，即 $E(t,25) = 8842\mu V$

又因为 $E(t,25) = E(t,0) - E(25,0)$

所以　　$E(t,0)=E(t,25)+E(25,0)=8984\mu V$

查附录得　　$t=947.5℃$

第六章知识巩固题目及答案

一、选择题

1. ABC　2. A　3. B　4. D　5. C　6. A　7. A

二、简答题

1. 什么是模拟显示仪表？

答：以仪表的指针（或记录笔）的线性位移或角位移来模拟显示被测参数连续变化的仪表。该类仪表测量速度较慢，精度较低，读数容易造成多值性；但结构简单、工作可靠、价廉，能直观反映被测量变量的变化趋势，因而在工业生产中仍然在使用，但今后的趋势是模拟式显示仪表用得越来越少。

2. 什么是数字式显示仪表？

答：直接以数字形式显示被测参数值大小的仪表，测量速度快、精度高、读数直观，对所测参数便于进行数值控制和数字打印记录，尤其是它能将模拟信号转换为数字量，便于和数字计算机或其他数字装置联用。因此，这类仪表得到迅速发展。

3. 什么是屏幕显示式仪表？

答：将图形、曲线、字符和数字等直接在屏幕上进行显示，这种屏幕显示装置可以是计算机控制系统的一个组成部分，它利用计算机的快速存取能力和巨大的存储容量，几乎可以是同一瞬间在屏幕上显示出一连串的数据信息及其构成的曲线或图像。

4. 无纸记录仪的特点是什么？

答：以 CPU 为核心采用液晶显示的记录仪，完全摒弃传统记录仪的机械传动、纸张和笔。直接把记录信号转化成数字信号后，送到随机存储器加以保存，并在大屏液晶显示屏上加以显示。

5. 试简述数字式显示仪表的结构组成。

答：数字式数显仪表品种繁多，结构各不相同，通常包括信号变换、前置放大、非线性校正或开方运算、模数（A/D）转换、标度变换、数字显示、电压/电流（V/I）转换及各种控制电路等部分。

6. 试简述数字式显示仪表主要的性能指标有哪些。

答：数字式显示仪表主要的性能指标包含：①显示位数；②仪表量程；③精度；④分辨力和分辨率。

7. 虚拟显示仪表有哪些特点？

答：虚拟显示仪表的特点是由计算机完全模仿实际使用中的各种显示仪表的功能，用户可以通过计算机键盘、鼠标或触摸屏进行各种操作。在数据处理方面，计算机更具有优势。此外，一台计算机可以同时实现多种虚拟仪表，可以集中运行和显示。由于显示仪表完全被计算机所代替，除受输入通道插卡的性能限制外，其他各种性能都得到大大加强。

8. 数字表显示位数为 $5\frac{1}{2}$ 位的显示范围为多少？

答：$-199999 \sim 199999$

第六章实例分析答案

分辨力为 0.1℃。

第七章知识巩固题目及答案

一、单项选择题

1.B 2.B 3.D 4.A 5.C 6.A 7.A 8.B，D

二、简答题

1. 自动控制系统主要由哪些环节构成？各有什么作用？

答：一个简单的自动控制系统由被控对象、测量变送单元、控制器、控制阀这四个环节组成。测量元件测出被控对象的被控变量的变化值送到比较器与设定值 x 进行比较，得出偏差 $e=x-z$，控制器根据偏差的大小按事先设定好的控制规律运算后输出一个控制信号 p 给控制阀，控制阀根据 p 的大小改变其开度，使操纵变量 q 产生相应的变化，从而使被控对象的输出——被控变量稳定下来。

2. 什么是自动控制系统的方块图？它与工艺流程图有什么区别？

答：自动控制系统的方块图中的每个方块表示组成系统的一个部分，称为"环节"。两个方块之间用一条带有箭头的线条表示其信号的相互关系，箭头指向方块表示为这个环节的输入，箭头离开方块表示为这个环节的输出。线旁的字母表示相互间的作用信号。

区别：方块图中的每一个方块都代表一个具体的实物。方块与方块之间的连接线，只代表方块之间的信号联系，并不代表方块之间的物料联系。方块之间连接线的箭头也只代表信号作用的方向，与工艺流程图上的物料线是不同的。工艺流程图上的物料线是代表物料从一个设备进入另一个设备，而方块图上的线条及箭头方向有时并不与流体流向相一致。

3. 试分别说明什么是被控对象、被控变量、设定值、偏差、干扰作用、操纵变量、调节介质。

答：① 被控对象：简称对象，指在自动控制系统中，需要控制的工艺设备的有关部分，例如液体贮槽。

② 被控变量：指生产工艺中需要保持不变的工艺变量，例如贮槽内的液位，通常用字母 y 表示。

③ 设定值：指工艺上需要被控变量保持的数值，用字母 x 表示。

④ 偏差：指被控变量的设定值与测量值（用字母 z 表示）之差，用字母 e 表示。

⑤ 干扰作用：指引起被控变量偏离设定值的一切因素，用字母 f 表示。

⑥ 操纵变量：通常是指受控于调节阀，用以克服干扰的影响，使被控变量回复到设定值，实现控制作用的变量；用字母 q 表示。

⑦ 调节介质：用来实现控制作用的物料，又称调节剂。流过控制阀的流体就是调节介质。

4. 如图 7-12 所示为一反应器温度控制系统。A、B 两种物料进入反应器进行反应，通过改变进入夹套的冷却水流量来控制反应器内的温度保持不变。试画出该温度控制系统的方块图，并指出该系统中的被控对象、被控变量、操纵变量及可能影响被控变量变化的干扰各是什么。

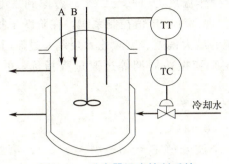

图 7-12 反应器温度控制系统

答：

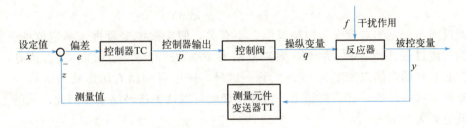

被控对象：反应器

被控变量：反应器内部物料的温度

操纵变量：冷却水的流量

可能的干扰：A、B 两种物料进料的流量和温度，冷却水的压力

5. 什么是负反馈？负反馈在自动控制系统中有什么重要的意义？

答：对原输入信号有削弱作用的叫负反馈。

在自动控制系统中，都采用负反馈。因为当被控变量 y 受到干扰的影响而升高时，反馈信号 z 将高于设定值 x，经过比较而送到控制器去的偏差信号为负值，使控制器作用方向为负，从而使被控变量回到设定值，这样就达到了控制目的。如果采用正反馈形式，那么不仅不能克服干扰的作用，反而推波助澜，即当被控变量升高时，控制阀反而产生正方向作用，使被控变量上升更快，以至于超过安全范围而破坏生产。

6. 图 7-12 所示的温度控制系统中，如果由于进料温度升高使反应器内的温度超过给定值，试说明此时该系统的工作情况，此时系统是如何通过控制作用来克服干扰作用对被控变量产生影响的？

答：由于进料温度升高，首先测量元件温度变送器 TT 将温度测量值 z 传递给控制器 TC，TC 将温度测量值 z 与给定值 x 相比较，得到偏差 e，由于温度升高，这时偏差 e 大于 0，控制器将会输出控制信号 p，增大控制阀开度，从而增大操纵变量（冷却水流量），达到控制反应器内部温度的目标。

7. 什么是自动控制系统的过渡过程？它有哪几种形式？

答：系统在自动控制作用下，从一个平衡状态进入另一个平衡状态之间的过程称为定值控制系统的过渡过程。

有四种形式：①衰减振荡过程，②非周期衰减过程，③等幅振荡过程，④发散振荡过程。

8. 某发酵过程工艺规定操作温度为（40±2）℃。考虑到发酵效果，控制过程中温度偏离给定值最大不能超过6℃。现设计一定值控制系统，在阶跃干扰作用下的过渡过程曲线如图7-13所示。试确定该系统的最大偏差、衰减比、余差、过渡时间（按被控变量进入±2℃新稳态值即达到稳定来确定）和振荡周期等过渡过程指标，并回答该系统能否满足工艺要求。

解 最大偏差：$A=45-40=5$（℃）

余 差：$C=41-40=1$（℃）

由图上可以看出，第一个波峰值 $B=45-41=4$（℃），第二个波峰值 $B'=42-41=1$（℃），故衰减比应为

$$B:B'=4:1$$

振荡周期为同向两波峰之间的时间间隔，故周期

$$T=18-5=13（\text{min}）$$

过渡时间与规定的被控变量限制范围大小有关，假定被控变量进入额定值的±2%，就可以认为过渡过程已经结束。那么，限制范围为 $40×(±2\%)=±0.8$（℃）。这时，可在新稳态值（41℃）的两侧以宽度为±0.8℃画一区域，图中可用画有阴影线的区域表示。只要被控变量进入这一区域，且不再越出，过渡过程就可以认为已经结束。因此，从图上可以看出，过渡时间为23min。

第七章即学即练答案

TC代表温度控制器，FI代表流量指示，LIC代表液位指示控制器。

第八章知识巩固题目及答案

一、单项选择题

1. C 2. A 3. A 4. C 5. D 6. D 7. D 8. B 9. A

二、判断题

1. × 2. ×

三、简答题

1. 什么是控制器的控制规律？控制器有哪些基本控制规律？

答：控制器的控制规律就是指控制器接受输入的偏差信号后，控制器的输出随输入的变化规律。在自动控制中，最基本的控制规律有双位控制、比例控制（P）、积分控制（I）和微分控制（D）四种。

2. 试分析比例、积分、微分控制规律各自的特点。

答：比例控制：依据"偏差的大小"来动作，它的输出与输入偏差的大小成比例。比例调节及时、有力，但有余差。它用比例度来表示其作用的强弱，比例度越小，调节作用越强；相反，比例度越大，调节作用就越弱。比例作用太强时，会引起振荡。

积分控制：依据"偏差是否存在"来动作，它的输出与偏差对时间的积分成比例，只有当余差消失时，积分作用才会停止，其作用是消除余差。它用积分时间 T_I 来表示其作用的强弱，T_I 越小，积分作用越强，但积分作用太强时，也会引起振荡。

微分控制：依据"偏差变化的速度"来动作，它的输出与输入偏差变化的速度成比例，

其效果是阻止被调参数的一切变化，有超前调节的作用。它用微分时间 T_D 来表示其作用的强弱，T_D 大，作用强，但 T_D 太大，会引起振荡。

第九章知识巩固题目及答案

一、单项选择题
1. B 2. A 3. A 4. A 5. B 6. B 7. D 8. B

二、判断题
1. × 2. √ 3. √

三、简答题
1. 气动调节阀主要由哪两部分组成？各起什么作用？

答：

① 执行机构和调节机构。

② 执行机构的作用：按控制器输出的控制信号，驱动调节机构动作。

调节机构的作用：由阀芯在阀体内的移动，改变阀芯与阀座之间的流通面积，从而改变被控介质的流量。

2. 什么叫气动调节阀的气开式与气关式？其选择原则是什么？

答：

① 气开式：无压力信号时阀门全闭，随着压力信号增大，阀门逐渐开大的气动调节阀为气开式。

气关式：无压力信号时阀门全开，随着压力信号增大，阀门逐渐关小的气动调节阀为气关式。

② 选择原则：从工艺生产安全考虑，一旦控制系统发生故障、信号中断时，调节阀的开关状态应能保证工艺设备和操作人员的安全。

3. 什么叫调节阀的理想流量特性和工作流量特性？常用的调节阀理想流量特性有哪些？

答：

① 理想流量特性：在调节阀前后压差固定的情况下得出的流量特性称为固有流量特性，也叫理想流量特性。

工作流量特性：在实际的工艺装置上，调节阀由于和其他阀门、设备、管道等串联使用，阀门两端的压差随流量变化而变化，这时的流量特性称为工作流量特性。

② 常用理想流量特性：直线流量特性、等百分比（对数）流量特性、快开特性。

第九章即学即练答案

① 类型：直通单座阀、直通双座阀。

② 直通单座阀使用场合：小口径、低压差的场合。

直通双座阀使用场合：大口径、大压差的场合。

第十章知识巩固题目及答案

一、单项选择题
1. D 2. B 3. B 4. A 5. D 6. D 7. B 8. D

二、判断题

1. √ 2. √

三、简答题

1. 简单控制系统由几个环节组成？

答：测量变送器、调节器（即控制器）、调节阀（即执行器）、被控对象四个环节组成。

2. 简述控制方案设计的基本要求。

答：安全性、稳定性、经济性。

3. 过程控制系统设计包括哪些步骤？

答：① 熟悉和理解生产对控制系统的技术要求与性能指标要求。

② 建立被控过程的数学模型。

③ 控制方案的确定。

④ 控制设备选型。

⑤ 实验（或仿真）验证。

4. 试比较临界比例度法、衰减曲线法及经验凑试法的优缺点。

答：见下表。

整定方法	优点	缺点
临界比例度法	系统闭环	会出现被调量等幅振荡
衰减曲线法	系统闭环，安全	实验费时
经验凑试法	系统闭环，不需计算	需要经验

第十章即学即练答案

整定方法	优点	缺点
临界比例度法	系统闭环	会出现被调量等幅振荡
衰减曲线法	系统闭环，安全	实验费时
经验凑试法	系统闭环，不需计算	需要经验

掌握理论知识，有助于对响应曲线特征和 P、I、D 参数变化对控制过程影响的深刻理解，无疑会提高参数整定的有效性和工作效率。

第十一章知识巩固题目及答案

一、单项选择题

1. C 2. B 3. A 4. D 5. C

二、判断题

1. × 2. √ 3. √ 4. √ 5. √

三、简答题

1. 图 11-10 所示为聚合釜温度控制系统。试问:这是一个什么类型的控制系统?试画出它的方块图。

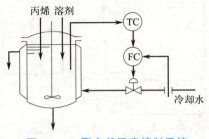

图 11-10 聚合釜温度控制系统

答:这是一个温度-流量串级控制系统。其方块图如下:

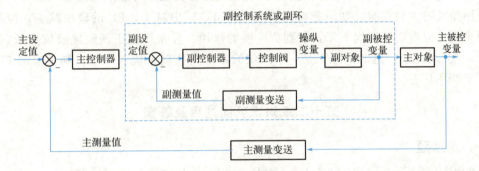

2. 试简述如图 11-11 所示单闭环比值控制系统在 Q_1 和 Q_2 分别有波动时控制系统的控制过程。

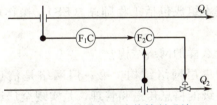

图 11-11 单闭环比值控制系统

答:当主流量 Q_1 变化时,经变送器送至主控制器 F_1C(或其他计算装置)。F_1C 按预先设置好的比值使输出成比例地变化,也就是成比例地改变副流量控制器 F_2C 的给定值,此时副流量闭环系统为一个随动控制系统,从而 Q_2 跟随 Q_1 变化,使得在新的工况下,流量比值 K 保持不变。当主流量没有变化而副流量由于自身干扰发生变化时,此副流量闭环系统相当于一个定值控制系统,通过控制克服干扰,使工艺要求的流量比值仍保持不变。

3. 在图 11-12 所示的控制系统中,被控变量为精馏塔塔底温度,控制手段是改变进入塔底再沸器的热剂流量,该系统采用 2℃ 的气(态)丙烯作为热剂,在再沸器内释热后呈液态进入冷凝液贮罐。试分析:该系统是一个什么类型的控制系统?简述系统的控制过程。

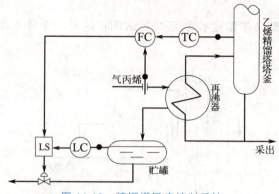

图 11-12 精馏塔温度控制系统

答：该控制系统是温度-流量串级控制与液位简单控制构成的选择性控制系统（串级选择性控制系统）。正常工况下，为一温度-流量串级控制系统，气态丙烯流量（压力）的波动通过副回路及时得到克服。如塔釜温度升高，则 TC 输出减少，FC 的输出减少，控制阀关小，减少丙烯流量，使温度下降，起到负反馈的作用。异常工况下，贮罐液位过低，LC 输出降低，被 LS 选中，这时实际上是一个液位的单回路控制系统。串级控制系统的 FC 被切断，处于开环状态。

第十二章知识巩固题目及答案

一、选择题

1. ABCD 2. C 3. ABCD 4. D 5. AB 6. A 7. D 8. C 9. A 10. C 11. B

二、简答题

1. JX-300XP 系统包括哪些基本组成？

答：JX-300XP 系统的基本组成包括工程师站（ES）、操作站（OS）、控制站（CS）和过程控制网 SCnetⅡ。

2. JX-300XP 系统采用什么样的网络结构？

答：JX-300XP 系统采用三层网络结构。第一层网络是信息管理网 Ethernet（用户可选），采用以太网，用于工厂级的信息传送和管理，是实现全厂综合管理的信息通道。

第二层网络是过程控制网 SCnetⅡ，连接了系统的控制站、操作员站、工程师站、通信接口单元等，是传送过程控制实时信息的通道。双重化冗余设计，使得信息传输安全、高速。

第三层网络是控制站内部 I/O 控制总线，称为 SBUS 控制站内部 I/O 控制总线。主控制卡、数据转发卡、I/O 卡件都是通过 SBUS 进行信息交换的。SBUS 总线分为两层：双重化总线 SBUS-2 和 SBUS-S1 网络。主控制卡通过它们来管理分散于各个机笼中的 I/O 卡件。

3. 什么是自动信号报警和联锁保护系统？

答：自动信号报警和联锁保护系统包括信号报警和联锁保护两部分。信号报警起到自动监视的作用，当工艺参数超限或运行状态异常时，以灯光或音响的形式发出报警提醒操作人员注意；联锁保护是一种自动操作系统，能使有关设备按照规定的条件或程序完成操作任务，达到消除异常、防止事故的目的。

4. 故障安全原则的作用是什么？

答：故障安全原则是指当外部或内部原因使 ESD 紧急停车控制系统失效时，被保护的对象应按预定的顺序安全停车，自动转入安全状态。

第十二章即学即练答案

① 工艺联锁一般是指工艺参数超过上下限时引起的联锁动作。机组联锁一般是由于设备本身的动作造成联锁动作。程序联锁一般是指预先设定的联锁动作。

② 高限和低限一般指通过声光报警，高高限和低低限触发不仅需要报警，同时也要触发联锁操作。

第十三章知识巩固题目及答案

一、选择题（多选题）

1. ABCD　2. AB　3. ABC　4. ABCD　5. ABD

二、判断题

1. ×　2. √　3. ×　4. ×　5. √

三、简答题

1. 仪表的日常维护重点有哪几项工作？

答：仪表日常维护重点有以下几项工作内容：①巡回检查；②定期润滑；③定期排污；④保温伴热；⑤故障处理。

2. 化工仪表故障诊断的方法主要有哪些？

答：以下是化工自动化仪表几种基本的故障判断方法。

① 外观检查：对仪表的表盘、外壳、指针、旋钮等进行检查，然后检查各种插件和连线，另外还有保险丝、继电器、元件焊点、零部件排列等，观察这些部位是否处于正常状态。

② 开机检查：观察机内的各发光元件是否正常发光；是否发出异常声音，是否出现冒烟、放电等异常现象，或有焦煳等异味散发；电机等发热元件的温度是否在规定范围内；机械传动部分、齿轮是否整齐啮合，有无变形、磨损或卡死的情况。

③ 电压法：借助万用表测量可能出现故障部分的电压。包括：直流电压测量，如电子管、直流供电电压、集成块各引出角对地电压；交流电压测量，如交流稳压器输出电压。

④ 断路法：在初步判定后，将可能出现故障的部分与整个电路切断，观察故障是否会消失。

3. 试分析现场压力传感器出现的可能故障并指出处理方法。

答：① 当压力传感器接口发生漏气时，很可能就会出现实际压力很高，但变送器显示数据却变化不大的现象。引发此故障的原因也有可能是接线错误或电源没有插接好，以及传感器的损坏。

② 对变送器加压，输出没有变化，再次加压则有变化，泄压后，变送器回不到零位。造成此故障极有可能是传感器的密封圈出现问题，如传感器拧得过紧，致使密封圈进入引压口，导致传感器堵塞，此时若加压的压力不足，则输出不会变化；当压力超过时，密封圈被冲开，传感器受到压力，则会出现变化。发生此故障时，可拆下传感器，观察零位是否正

常,若不正常加以调整,若正常应更换密封圈。

③ 压力传感器出现不稳定,原因可能是传感器本身出现故障或抗干扰能力较弱。

④ 变送器和指针式压力表出现较大偏差,此现象较为正常,只要将偏差范围控制在规定标准以内即可。

第十三章实例分析答案

① 差压式液位计的工作原理:差压式液位计,是利用容器内的液位改变时,由液柱产生的静压也相应变化的原理而工作的。

② 可能的原因分析如下:

原因分析	处理方法
双法兰安装位置不对:当液位空时,正压侧膜盒受力,致使膜盒向外鼓出,引起反应迟缓,致使不准	将双法兰变送器移至正压侧取压口水平位置或低于该位置并固定安装
测量介质黏度较大,使用一段时间后在正压侧取压口会聚集沉淀物堵塞正压侧取压口,致使信号传递迟缓,指示不准	将平法兰变送器更换为插入式法兰变送器或更换为带冲洗环的双法兰变送器,用冲洗油进行冲洗

参 考 文 献

[1] 姜换强. 化工仪表及自动化. 北京：中国石化出版社，2013.
[2] 厉玉鸣，刘慧敏. 化工仪表及自动化. 6版. 北京：化学工业出版社，2021.
[3] 刘美. 化工仪表及自动化. 2版. 北京：中国石化出版社，2019.
[4] 乐建波. 化工仪表及自动化. 4版. 北京：化学工业出版社，2016.
[5] 王银锁. 化工仪表及自动化. 2版. 北京：石油工业出版社，2020.
[6] 蒋兴加. 集散控制系统组态应用技术. 北京：机械工业出版社，2014.
[7] 邵联合. 过程检测与控制仪表一体化教程. 北京：化学工业出版社，2013.
[8] 孟华，刘娜，厉玉鸣. 化工仪表及自动化. 北京：化学工业出版社，2009.
[9] 王再英，刘淮霞，彭倩. 过程控制系统与仪表. 2版. 北京：机械工业出版社，2022.
[10] 王化祥. 自动检测技术. 3版. 北京：化学工业出版社，2017.
[11] 张晓君，刘作荣. 工业电器与仪表. 北京：化学工业出版社，2010.
[12] 张根宝. 工业自动化仪表与过程控制. 4版. 西安：西北工业大学出版社，2012.
[13] 纪纲，朱炳兴，王森. 仪表工试题集. 3版. 北京：化学工业出版社，2015.
[14] 化学工业职业技能鉴定指导中心组织编写. 化工仪表维修工理论知识习题集. 北京：化学工业出版社，2013.
[15] 蔡成锐. 仪器仪表维修工培训试题集（高级工）. 北京：化学工业出版社，2021.
[16] 浙江中控售后工程师团队. JX-300XP系统用户使用手册. 杭州：浙江中控技术股份有限公司，2020.